Les botanistes

Contribution à une ethnologie des passions naturalistes

Sylvie Magnanon

Les botanistes

Contribution à une ethnologie des passions naturalistes

L'Harmattan

5-7, rue de l'Ecole-Polytechnique, 75005 Paris

http://www.harmattan.fr
diffusion.harmattan@wanadoo.fr

ISBN : 978-2-343-05389-9
EAN : 9782343053899

En hommage au Professeur Pierre Dupont,
botaniste et phytogéographe, homme d'engagement et de conviction.

Ce document est issu d'un travail de recherche en ethnologie réalisé à l'université de Bretagne occidentale (université européenne de Bretagne). Je remercie le Professeur Sergio Dalla-Bernardina, ethnologue, pour ses précieux conseils et son accompagnement.

Introduction

J'aimerais bien de connaître un peu la botanique ; c'est une étude charmante à la campagne, toute pleine de jouissances. On se lie avec la nature, avec les herbes, les fleurs, les mousses qu'on peut appeler par leur nom.

Eugénie de Guérin, *Journal,* 1838, p. 207.[1]

La pensée d'Eugénie de Guérin s'inscrit dans le sillage de celle des nombreux poètes romantiques du 19e siècle qui, d'Alphonse de Lamartine à Victor Hugo, ont exalté les « charmes de la campagne » et fait l'éloge d'un rapport attentif aux choses de la nature. Nombre de ces poèmes, appris à l'école, rabâchés même, ont marqué l'enfance de beaucoup d'entre nous.

Cet engouement pour la nature, encouragé par le projet des Lumières de développer et promouvoir les connaissances, en particulier dans le domaine des sciences naturelles, a trouvé son point d'orgue à la fin du 18e et au 19e siècle. La botanique, popularisée et magnifiée au 18e siècle par Jean-Jacques Rousseau dans ses *Rêveries du promeneur solitaire*[2], est alors présentée comme la « science aimable » (Dayrat, 2003 : 599 ; Matagne, 1999 : 18) dans laquelle certains érudits viennent se réfugier pour fuir l'agitation politique et sociale qui traverse le siècle, se retrouvant ainsi dans des sociétés qui paraissent politiquement neutres ou épargnées par les luttes idéologiques (Matagne, *op. cit.*).

---

[1] de Guérin E., 1855 - *Journal et fragments.* Paris. Librairie académique. En ligne : http://archive.org/stream/eugniedeguri00guuoft#page/74/mode/2up

[2] Rousseau J.-J., [1776-1778] 2012 – *Les rêveries du promeneur solitaire*. Flammarion. *232 p.*

Être capable de décrire la nature et pouvoir « appeler les plantes par leur nom », tel est le rêve d'Eugénie de Guérin en 1838 et, cent ans plus tôt, le projet du naturaliste suédois Carl von Linné[3]. C'est à ce dernier que l'on doit la nomenclature binominale, système permettant de standardiser la manière de nommer et de classer les êtres vivants du monde entier, humains comme non-humains[4]. Le *Systema naturae* (1758) de Linné s'est très vite imposé dans le monde scientifique. Ce répertoire de noms universels constitue encore l'assise de la nomenclature botanique actuelle.

Ainsi, les outils et le projet scientifique étant en place dès la fin du 18e, on assiste au cours du 19e à un important essor de la botanique, celle-ci se pratiquant largement dans le cadre des sociétés savantes (Chaline, 1995 ; Candegabe et Bodin, 2001 : 43). Les botanistes qui fréquentent ces dernières, capables de communiquer entre eux grâce au langage codifié de Linné, sont pour la plupart des notables ou des aristocrates qui, de plus en plus éloignés du pouvoir au fur et à mesure que le siècle avance, trouvent au sein de certaines sociétés savantes l'occasion de l'exercer sur un autre terrain (Matagne, 1999 : 18). Identifier et cataloguer les plantes selon le système de Linné devient le projet principal de nombreuses sociétés botaniques régionales. Ce mouvement participe, avec celui des folkloristes, de la volonté de construire partout en Europe les identités nationales par, notamment, la caractérisation des patrimoines nationaux naturels et culturels[5].

La noblesse du projet de Linné réside, pour les élites de l'époque, dans son caractère « désintéressé » : il s'agit désormais de promouvoir la connaissance pour la connaissance en se consacrant exclusivement à la description, à la détermination et à la classification des espèces (Matagne, 1999 : 34). Les tenants du système linnéen se démarquent ainsi de ceux qui pratiquent une botanique « utilitaire » : les gens des campagnes, mais aussi les médecins ou les jardiniers, que le « *prince des botanistes*[6] » appelle les « botanophiles ».

---

[3] Carl von Linné (1707-1778).

[4] Grâce au système universel de Linné, chaque individu vivant peut être nommé par deux noms juxtaposés : un nom de genre dont la première lettre est une majuscule et un nom d'espèce (dit épithète spécifique), écrit entièrement, sauf exception, en minuscules. Outre la standardisation de la nomenclature, Linné a également proposé une classification hiérarchisée des êtres vivants, dans laquelle les êtres vivants sont rassemblés selon des critères de ressemblance morphologique.

[5] Voir à ce sujet Thiesse A.-M., 1999 - *La création des identités nationales*. Paris : Seuil. 395 p.

[6] Blunt W., 1986 - *Linné, le prince des botanistes - 1707-1778*. Paris : Belin. 352 p.

Ainsi, au début du 20e, l'agriculteur et le naturaliste ne parlent déjà plus le même langage. Utilisateur du latin, le second s'attribue désormais un domaine dont il revendique l'exclusivité, disqualifiant les savoirs populaires (Matagne, 1999 : 65). La botanique s'affirme en tant que science moderne ; les botanistes des sociétés naturalistes sont regardés comme des savants. Plus ou moins fortunés, ils organisent des excursions à la campagne en train ou en convoi automobile, se réjouissant, dans leurs comptes rendus de sorties, de leurs fructueuses « cueillettes » et de leurs repas conviviaux au restaurant. L'image véhiculée est celle de groupes essentiellement masculins[7], composés d'individus de bonne condition physique, élégants et sachant apprécier les plaisirs de la terre. Plusieurs comptes rendus d'excursion des sociétés savantes du début du 20e témoignent d'une tendance de ces hommes à la fatuité et de leur relatif dédain vis-à-vis des gens des campagnes[8].

Cependant, déjà à cette époque, cette science académique et élitiste côtoie une botanique diffusée, libre et multiforme, pratiquée de diverses manières (Matagne, 1999 : 56). Peu à peu, le projet botanique évolue : de nouveaux concepts apparaissent et on passe du besoin élémentaire d'identifier et de nommer les plantes au souhait de comprendre les relations que les différentes espèces nouent entre elles et avec leur biotope. L'inventaire floristique et la collection cèdent peu à peu la place à la géographie botanique. La phytosociologie[9] voit le jour et se développe. Les sciences écologiques et environnementales se structurent, s'hybrident et se complexifient. Le milieu naturel devient alors plus intéressant, plus riche, plus surprenant, que le cabinet d'histoire naturelle. Pour être étudiée, la plante doit en quelque sorte quitter la collection pour revivre dans son milieu, avec lequel elle est à nouveau mise en relation (Matagne, 1999 : 66).

---

[7] Dans un rapport d'excursion de la Société des amis des sciences naturelles de Rouen, rédigé en 1892, on peut lire que, toutefois, « *des dames vaillantes s'y joignent pour charmer l'excursion de leur présence* » ! (Rapport d'excursion du 2 juillet 1892. Bulletin de la Société des amis des sciences naturelles de Rouen, 3e série, 28e année : 273).

[8] Dans ce même rapport d'excursion (p. 276), il est relaté comment les botanistes, assoiffés après l'exploration d'une forêt, « *envahissent* » la ferme voisine et « *engloutissent* » le lait destiné aux veaux, en dépit du fait que *« la fermière en vain résiste et implore (...) : les naturalistes sans pitié engloutissent toujours* ».

[9] Les plantes ne se distribuent pas dans l'espace totalement au hasard mais en fonction, notamment, de leurs exigences écologiques ; certaines plantes ayant les mêmes exigences, elles se regroupent en associations végétales. La phytosociologie est la science qui décrit et nomme ces associations végétales.

La botanique qui s'affichait dans les vitrines des cabinets de curiosité du 17e et du 18e siècles et celle qui se mettait en scène dans les bulletins des sociétés savantes du 19e et du début 20e s'effacent progressivement, sous l'influence du déploiement de deux mouvements concomitants : d'une part la professionnalisation de l'exercice de la botanique, prise en charge de façon croissante par la communauté scientifique *stricto sensu* (Candegabe et Bodin, 2001 : 36) et d'autre part l'avènement d'une nouvelle ère, autorisant une certaine démocratisation de la pratique, celle d'une civilisation des loisirs dont A. Corbin a retracé l'émergence[10].

En France, le mouvement de professionnalisation de la botanique se manifeste d'abord au sein des universités : à la fin des années 1960, la plupart des grandes universités françaises sont en effet dotées de laboratoires dédiés aux sciences naturelles. L'activité de ces laboratoires dans le domaine de la connaissance de la nature est majeure : inventaires et cartographie d'espèces ou d'habitats, études écologiques de divers milieux, mais aussi argumentaires scientifiques au service de la protection de la nature, tels sont les principaux axes de travail de ces chercheurs. En Bretagne, c'est le riche vivier d'enseignants-chercheurs en sciences naturelles qui est à l'origine de la création d'une des plus grandes associations naturalistes de France : la Société pour l'étude et la protection de la nature en Bretagne[11]. La plupart des botanistes professionnels, embauchés par les universités de Nantes, Rennes ou Brest, sont également des membres actifs de cette association militante. Ils publient dans des revues à caractère régional (*Botanica rhedonica, Penn ar Bed*) et militent dans les grands combats écologistes[12]. Les frontières entre le monde de la recherche et la « *science en action* »[13] sont alors totalement poreuses.

Mais en Bretagne comme ailleurs en France la botanique en tant qu'objet de recherche et d'enseignement à l'université connaît peu à peu un certain recul, comme d'ailleurs toutes les autres disciplines naturalistes. Progressivement elle cède du terrain, dans les années 1980 et 1990, notamment au profit de la génétique (Mauz et Granjou, 2011 : 124 ;

---

[10] Corbin A., 1995 - *L'avènement des loisirs 1850-1960.* Paris : Aubier, 472 p.

[11] Cette association s'appelle aujourd'hui Bretagne Vivante. Voir son histoire dans (notamment) : Le Demezet M. et Maresca B., 2003 – *La protection de la nature en Bretagne. La SEPNB (1953 – 2003).* Rennes : Presses universitaires de Rennes. 239 p.

[12] Sur les combats environnementaux bretons des années 1960 à 1990 (luttes contre les marées noires et contre les grands projets d'aménagement du territoire et d'industrialisation agricole de la Bretagne), voir Le Demezet et Maresca (*op. cit.)*.

[13] Latour B., 1989 - *La Science en action*, Paris : La Découverte. 672 p.

Alphandery et Fortier, 2013 : 206). Les botanistes universitaires qui partent en retraite ne sont pas remplacés ; l'enseignement de la botanique déserte les universités, celui-ci étant plus ou moins « ringardisé ». Cette stratégie est d'autant plus paradoxale que dans le même temps se manifeste une augmentation croissante des demandes d'expertises botaniques et écologiques, en lien avec la mise en œuvre des politiques de préservation de la biodiversité[14] et les besoins de diagnostics de territoires[15].

On assiste alors à un transfert de la pratique de la botanique professionnelle vers des institutions « expertes », où les botanistes sont des personnes ayant la plupart du temps complété leur formation universitaire initiale (en biologie, en écologie ou autre science de l'environnement) par un apprentissage personnel à la reconnaissance des plantes, individuellement et/ou au sein de réseaux d'amateurs. Les principales structures employeuses de botanistes ne sont désormais plus en majorité les universités[16] mais sont des bureaux d'études, des associations environnementales, des Conservatoires d'espaces naturels, et les Conservatoires botaniques nationaux, qui à eux seuls emploient environ 300 botanistes professionnels en France[17].

Par ailleurs, parallèlement à ce déploiement d'une botanique professionnelle hors des laboratoires universitaires, ces dernières décennies voient l'essor des réseaux d'amateurs de plantes et de botanique. Ceux-ci sont à l'heure actuelle particulièrement actifs. L'engouement pour le site internet de l'association Tela Botanica (plus

---

[14] Les années 1990 marquent un tournant dans l'histoire de la protection de la nature à travers l'apparition de la notion de biodiversité, qui constitue un changement de paradigme scientifique et devient dans le même temps un enjeu planétaire. Les politiques en faveur du vivant donnent lieu à la mise en place d'équipements scientifiques à l'échelle internationale : banques de données, instruments de mesure, nomenclatures, inventaires, indicateurs, etc. (Alphandéry et Fortier, 2013 : 211).

[15] C'est dans ce contexte que le Professeur Dupont, alors directeur du laboratoire d'écologie végétale de l'université de Nantes écrira son plaidoyer pour le renouveau d'une botanique professionnelle en France (voir : Dupont P., 1999 – *Un préalable dont tout dépend : recruter de véritables botanistes de terrain*. Royan : Bulletin de la Société botanique du Centre-Ouest : 219-226).

[16] Une enquête sur les botanistes de France réalisée en 2005 par les associations Tela Botanica, Société botanique de France et La Garance voyageuse (1 400 répondants) a confirmé le recul des emplois liés à l'enseignement et à la recherche. Les résultats de l'enquête sont consultables en ligne sur le site de Tela Botanica : http://www.tela-botanica.org/actu/IMG/Enquete_botanistes.pdf consulté le 4 juin 2014.

[17] D'après la fédération des Conservatoires botaniques nationaux : http://www.fcbn.fr consulté le 2 janvier 2014.

de 24 000 personnes inscrites en 2014)[18] en est l'un des témoins. Cette association créée en 1999 a pour but de mettre en réseau « *des botanistes passionnés* » qui « *partagent leurs connaissances de la flore sauvage* ». L'association ambitionne plus particulièrement de « *rassembler les botanistes dans leur diversité, d'échanger des connaissances et de valoriser les données collectées, d'organiser des initiatives et de monter des projets collectifs* »[19]. Elle réunit ainsi des botanistes de différents horizons : « *des scientifiques : chercheurs, enseignants, étudiants ; des professionnels : naturalistes, associations, bureaux d'études, parcs naturels, collectivités... ; des amateurs botanistes : confirmés ou débutants* »[20].

Ainsi, en ce début du 21e siècle, la botanique est pratiquée plus ou moins régulièrement par un ensemble hétéroclite de personnes, constitué de professionnels et d'amateurs, d'hommes et de femmes, jeunes ou âgés, spécialistes ou non de tel ou tel groupe, de telle ou telle famille de plantes, adeptes de la géographie floristique ou de phytosociologie, collectionneurs (de données, de photographies ou de planches d'herbiers) ou simples observateurs, botanistes des villes ou des champs, « cocheurs » d'espèces rares ou dénicheurs de trouvailles exotiques, connaisseurs ou non des propriétés des simples, quoi qu'il en soit tous curieux de nature et tous réunis autour d'un seul objet d'étude : les plantes.

De tous ces botanistes-là, peu importe qu'ils soient amateurs ou professionnels ; ceux qui m'intéressent ici sont les « mordus », les ***passionnés***, ceux qui « ont attrapé le virus de la botanique » comme le disent certains ; ceux qui se trouvent immergés en permanence dans cette activité, d'une manière ou d'une autre ; ceux qui exercent la botanique de manière régulière, stable, outrepassant largement le cadre des hobbies ou des modes passagères ; ceux pour qui la botanique n'est pas un « simple » loisir[21], mais quelque chose de plus « essentiel », de plus persistant et donc plus incorporé.

---

[18] Chiffre des « télébotanistes » français donné sur le site internet de Tela Botanica le 12 octobre 2014 : http://www.tela-botanica.org/page:telabotanistes

[19] http://www.tela-botanica.org/sites/reseau/fr/documents/plaquetteVF.pdf consulté le 12 octobre 2014.

[20] *Idem.*

[21] Comme le dit Bromberger (*in* Bromberger, 1998 : 23), le terme de loisirs « *habille trop large, amalgame pratiques occasionnelles et régulières, et ne rend pas compte du rapport intensément vécu qui façonne ces engagements apparemment futiles [les passions]* ».

Une passion, pour Lalande (cité dans Bromberger 1998 : 25), désigne une tendance d'une certaine durée, accompagnée d'états affectifs et intellectuels, d'images en particulier, et assez puissante pour dominer la vie de l'esprit, cette puissance pouvant se manifester soit par l'intensité de ses effets, soit par la stabilité et la permanence de son action[22].

C'est donc cette passion de la botanique que je vais tenter ici de cerner. Pour ce faire, partant de l'idée que l'identité de l'autre est souvent perçue au travers de stéréotypes (Ollivier, *in* Ollivier B. (coord.), 2009 : 22), je m'attacherai au préalable à dessiner les contours de quelques représentations collectives des botanistes. Comme tous les stéréotypes collectifs, elles donnent une certaine image des botanistes, celle-ci étant à la fois loin de donner une description réelle de l'Autre (Berting, *in* Ollivier B. (coord.), 2009 : 70), mais n'étant pour autant pas forcément tout à fait fausse (*op. cit.* : 60).

Puis, je me rapprocherai du « réel », du vécu, pour chercher à percevoir et à retranscrire le « point de vue de l'observé ». Je rapporterai tout d'abord comment ce désir de connaître les plantes « s'attrape ». Ensuite, en interrogeant les pratiques des botanistes, en les regardant faire et dire, en les questionnant sur leurs motivations, je montrerai comment cette passion se manifeste, ainsi que les savoirs et savoir-faire qu'elle met en œuvre. Pour cela nous cheminerons sur « l'itinéraire phénologique[23] » des botanistes, dont l'activité est éminemment liée aux cycles de saisonnalité des plantes. Ce cheminement, quelque peu descriptif, aidera à cerner les traits d'une passion individuelle qui s'exerce dans la solitude comme au travers de réseaux de sociabilité.

Enfin, de cette esquisse encore embrouillée, et en guise de synthèse, se dégageront quelques figures récurrentes de l'imaginaire des botanistes, grâce auxquelles on pourra apercevoir quelques-unes des significations profondes et symboliques de cette passion pour les plantes et pour la nature.

---

[22] Lalande A., 1947 – *Vocabulaire technique et critique de la philosophie (article « Passions »)*. Paris, PUF : 728.

[23] La phénologie est l'« étude scientifique des variations (durée, époque, etc.) que les divers climats font subir à la floraison et à la feuillaison des végétaux » (http://www.larousse.fr/dictionnaires/francais, consulté le 12/01/1014).

Cependant, et comme Bromberger l'a présagé, « *cette étude de "l'homme passionnel" et de ses engouements (...) est à vrai dire, encombrée d'embûches : soit par empathie complice, elle risque de dériver vers la glorification, soit, au contraire, par dédain altier, de sombrer dans la dénonciation, soit encore, dans une quête débridée de sens, de chavirer dans la surinterprétation* » (Bromberger, *in* Bromberger, 1998 : 38).

Pour parer à ces difficultés, une attention particulière a été portée à la méthodologie du travail de recherche ainsi qu'à la nécessité d'une mise en distance constante avec mon objet de recherche. C'est principalement de ces deux facteurs que dépendait en effet la possibilité d'inscrire mon analyse « sous le sceau d'une ethnologie réaliste, attentive aux propriétés concrètes, aux significations complexes et à la diversité des perceptions des phénomènes » (*op. cit.*).

Étudier les botanistes

L'ethnologie est la science de la curiosité de l'autre. Pascal Dibie dit ainsi des ethnologues qu'ils sont des « *porteurs de vu* », dont le regard a ceci de spécial qu'en plus de voir, il doit « *débusquer les évidences, scruter l'apparente banalité du quotidien et mettre les mondes, des objets et des hommes (...) en relation* » (Dibie, 1998 : 112). Débusquer les évidences... se laisser surprendre, se dire que ce qui semble normal ou banal relève en réalité de la bizarrerie, de l'étrange ; tel est l'enjeu pour l'ethnologue qui travaille sur un terrain dans lequel il est immergé depuis longtemps. Telle est la difficulté aussi.

En ce qui me concerne, voici bientôt trente ans que je côtoie les botanistes ; vingt-quatre ans que je travaille avec eux. J'en suis une... ou plutôt j'en étais une... ça dépend des points de vue. Aujourd'hui, après avoir longtemps et intensivement pratiqué la botanique, les salles de réunion et le clavier d'ordinateur me sont devenus plus quotidiens que la loupe et, je l'avoue, j'ai quelque peu perdu les réflexes et l'aisance du praticien en activité. Le terrain, j'en ai pourtant « fait »[24] beaucoup, pour inventorier les plantes, les localiser et comprendre ainsi la composition des milieux et leur fonctionnement. La plupart du temps dans des milieux relativement sauvages, « naturels », les préférant de loin aux espaces trop visiblement et fortement marqués par l'empreinte de l'homme.

Au fil de ces années et plus encore aujourd'hui, je n'ai cessé de m'étonner de voir à quel point le travail du botaniste est méconnu de la plupart des gens (même de nos proches), voire fantasmé. Un écart immense m'apparaît entre la réalité de l'activité des botanistes actuels et l'image que ces personnes provoquent « à l'extérieur ». Je me suis

[24] L'expression « faire du terrain » fait partie du langage familier des botanistes et plus largement des naturalistes.

interrogée sur cette confusion. Pourquoi ce trouble, ce flou, cette ambiguïté ? Qui sont les botanistes ? Comment se définissent-ils eux-mêmes ? Comment sont-ils perçus ? Que font-ils de si mystérieux, si énigmatique pour que leur travail paraisse si obscur aux yeux du public ?

Partant de ces interrogations, j'ai enquêté, réfléchi ; je me suis formée en ethnologie, pour mieux prendre de la distance, mieux voir, mieux comprendre, mieux saisir. Peu à peu, j'ai acquis cette aptitude au regard éloigné[25], aidée en cela par les anthropologues de l'université de Bretagne occidentale. J'ai ainsi progressivement fait émerger et décortiqué cette connaissance « profonde », incarnée même, la malaxant et la travaillant dans une perspective ethnologique. Il m'a fallu désapprendre, pour mieux réapprendre et donner du relief à toutes les « évidences ». Pour cela, j'ai recherché dans quelques recoins encore inexplorés des faits inhabituels et de la surprise. Ainsi, et puisque les lichens et leurs méthodes d'études m'étaient relativement méconnus, j'ai entrepris de suivre sur le terrain des botanistes lichénologues, rompant alors avec mes habitudes (habituellement, les excursions auxquelles je participe rassemblent plutôt des botanistes « généralistes », s'intéressant à la flore vasculaire[26]). Ce terrain d'un nouveau genre m'a apporté l'étrangeté dont j'avais besoin pour prendre le recul nécessaire et apprendre à regarder des attitudes, des faits et des discours qui m'étaient devenus trop familiers pour pouvoir être montrés.

Mais si « rénover » mon regard sur les botanistes était indispensable à l'entreprise engagée, elle n'en était pas, évidemment, une condition suffisante. La question, majeure à mes yeux, qu'il me fallait également résoudre était celle de l'objectivité scientifique : comment tirer partie de ma situation d'immersion et comment remobiliser les acquis de cette expérience sans tomber dans les pièges d'une analyse introspective qui serait tout sauf anthropologique ? Cette question m'a préoccupée longtemps avant de comprendre, avec Devereux notamment, que la subjectivité du chercheur doit être considérée comme une richesse et non plus comme une entrave[27].

---

[25] Lévi-Strauss C., 1983 - *Le regard éloigné.* Paris : Plon. 398 p.

[26] La flore vasculaire regroupe la plupart des plantes, hormis les mousses et les algues ; les champignons étaient autrefois classés dans le monde végétal mais forment désormais un règne à part, celui de la fonge, dans lequel sont maintenant inclus les lichens (ces derniers forment en réalité une charnière entre la flore et la fonge dans la mesure où chaque lichen est le fruit d'une alliance entre une algue et un champignon).

[27] Devereux G., (1967) 1980 - *De l'angoisse à la méthode dans les sciences du comportement.* Paris : Flammarion. 474 p.

Formée dans les sciences « exactes », j'étais au départ plutôt encline à inscrire mon travail de recherche ethnologique dans une perspective structuraliste, préparée à recueillir, à classer et à organiser quasi statistiquement les « données du réel », en cela quelque peu bercée, comme dirait Olivier de Sardan, « *d'illusion positiviste* » (Olivier de Sardan, 1995 : 4). Il est vrai que, même en sciences humaines, la pensée de la dénotation, qui désigne et catégorise (pensée dominante dans les sciences de la nature) présente de très grands avantages : c'est la pensée des « *idées claires et distinctes* » (Laplantine, 2005 : 187). Mais cette pensée est tronquée, falsifiée pourrait-on dire : en s'attachant sans cesse à vouloir délimiter et assigner, elle a tendance à lisser les irrégularités de l'existence, faisant la plupart du temps « *disparaître les contradictions, les fluctuations, l'ombre, le clair-obscur* » (*op. cit.).* Or ces fluctuations, qu'elles soient spatiales ou temporelles, méritent d'être explorées, malgré toute la difficulté d'en rendre compte de manière « *claire et distincte* ». De nombreux chercheurs en sciences sociales ont par ailleurs montré, après les travaux de Levi-Strauss ou de Bourdieu, que les résultats de la recherche anthropologique sont le fruit d'une interaction entre les données objectives et la subjectivité du chercheur ; Olivier de Sardan (*op. cit.)* parle à cet égard de « *transformation en traces objectivées des « morceaux de réel » tels qu'ils ont été sélectionnés et perçus par le chercheur* ». Selon lui, les observations du chercheur sont structurées par ce qu'il cherche, par son langage, sa problématique, sa formation, sa personnalité.

Ainsi, le socle méthodologique de cette recherche sur les botanistes se fonde sur deux approches complémentaires.

La première, fortement empreinte de subjectivité, correspond à ce que Piasere appelle une ethnographie rétrospective (Piasere, 2010 : 61). Comme le montre cet auteur, les observations effectuées par les ethnographes ne sont pas toutes acquises de manière consciente ; elles peuvent aussi parfois se « déposer » dans l'inconscient et demeurer latentes (*op. cit.* : 185). Olivier de Sardan parle quant à lui de connaissances acquises par imprégnation, observant que l'ethnographe, comme le fait une éponge, s'imprègne des expériences d'autrui, des schémas d'autrui, des analogies d'autrui, des émotions d'autrui, des postures d'autrui. Dans le cas qui est le mien, il est évident qu'un grand nombre des informations dont je dispose sur les botanistes ont été obtenues par cette voie. Fouillant dans mon propre vécu de botaniste, j'ai ainsi entrepris de remobiliser des « *ressources intériorisées depuis longtemps, dans la tête, mais aussi dans toutes sortes d'habitudes corporelles. Ce sont des ethnographies dans lesquelles l'intention de la compréhension est postérieure à l'expérience, où l'expérience devient "ethnographique" seulement dans un deuxième temps* » (Piasere, 2010 : 67). Prendre le temps d'analyser un geste technique que l'on maîtrise (comme rapprocher une loupe de son œil), écouter ses propres sens et ses émotions lorsque l'on fait une prospection botanique, s'obliger à consigner sur le papier le souvenir d'une découverte exceptionnelle, tels sont les moyens qui ont été mis en œuvre, occasionnellement, pour tirer partie de ma propre « imprégnation »[28].

La seconde approche, plus classique, repose sur le recueil de « morceaux de réel », c'est-à-dire sur l'analyse de faits, de dires et d'écrits recueillis grâce à la mise en œuvre de différents modes d'investigation : des entretiens, des observations réalisées à l'occasion de réunions et de sorties en groupe sur le terrain, ainsi que l'analyse de textes littéraires, scientifiques ou techniques traitant de botanique.

Douze personnes ont été interrogées de manière approfondie : Guy (80 ans), Elsa (27 ans), Léon (63 ans), Jean (45 ans), Sophie (50 ans), Igor (65 ans), Patrick (40 ans), Paul (89 ans), Mathieu (30 ans), Nicolas (24 ans), Georges (73 ans) et Robert (60 ans)[29]. Les personnes choisies l'ont été en fonction de leur diversité, de façon à constituer un échantillon m'apparaissant comme représentatif ; celui-ci réunit ainsi à la fois des botanistes engagés depuis peu dans cette passion et d'autres à l'inverse depuis longtemps, des personnes en rupture ou en questionnement vis-à-vis de leur passion, des botanistes jeunes et des plus âgés, des amateurs et des professionnels, des spécialistes et des « généralistes », des hommes et des femmes.

Ma présence quotidienne au Conservatoire botanique a également été mise à profit pour intégrer passivement[30] des manières de faire et pour enregistrer mentalement des façons de dire. Cela s'est passé en laissant « flotter l'attention » comme aurait dit Devereux, trouvant des informations sans vraiment les chercher, tout simplement parce qu'elles survenaient naturellement autour de moi, au gré d'une sortie ou d'un colloque, au cours d'une réunion ou autour d'un café ; et parce que, aussi,

---

[28] Olivier de Sardan (*in* Piasere, 2010 : 68) : « *le chercheur de terrain (...) en vivant il observe, malgré lui en quelque sorte, et ces observations sont « enregistrées » dans son inconscient, son subconscient, sa subjectivité, son "je" ou ce que vous voudrez. Elles ne se transcrivent pas en* corpus *et ne s'inscrivent pas sur son carnet de terrain. (...). Cette maitrise qu'un chercheur acquiert du système de sens du groupe auprès de qui il enquête s'acquiert pour une grande part inconsciemment, comme une langue, par la pratique* ».

[29] Les noms des botanistes interrogés ont été modifiés, comme parfois les noms des lieux, afin de respecter l'anonymat des personnes.

[30] Pour le confort de mes collègues et de moi-même, et aussi parce que cette étude se situait hors cadre professionnel, j'ai décidé de ne procéder à aucune observation *directe* sur mon temps de travail.

j'avais appris à en prendre conscience et à organiser ces informations en « données ».

Les sorties botaniques en groupe, qui sont l'un des piliers de la sociabilité botanique, ont par ailleurs constitué un terrain d'observation privilégié. Dans l'ouest de la France, le Conservatoire botanique national de Brest élabore, chaque année depuis plus de 20 ans, un « programme des sorties botaniques » qu'il diffuse auprès d'environ 500 botanistes, amateurs ou professionnels. Ces sorties, qui ont lieu généralement le week-end, rassemblent selon les lieux et les thèmes une petite dizaine à une trentaine de personnes en moyenne. D'autres types de rassemblements sont l'occasion de se retrouver sur le terrain ou en salle et d'échanger ses connaissances : regroupement de botanistes professionnels en séminaires internes, excursions botaniques organisées dans le cadre de colloques, sorties connexes à des événements associatifs ou à des réunions, etc. La participation régulière à ces réunions et à ces sorties fait partie intégrante de mon engagement professionnel. L'analyse *a posteriori* de ces dizaines (centaines ?) de moments collectifs, relevant du travail d'ethnographie rétrospective dont j'ai parlé précédemment, m'a permis en les confrontant à un regard nouveau, de faire ressortir les récurrences de certains faits et les modalités du fonctionnement en réseau.

Il convient aussi, dans ce bref aperçu des coulisses de la recherche, de dire un mot du rôle important qu'ont joué les publications littéraires et scientifiques traitant de botanique. La botanique, en tant que science constituée depuis bientôt trois siècles, est en effet à l'origine d'un nombre immense de travaux. Les traités ou manuels de botanique, les ouvrages de vulgarisation, les comptes rendus d'excursions, les articles à caractère scientifique et technique concernant la systématique, la nomenclature, la biologie ou l'écologie, les publications à caractère militant traitant de conservation de la flore et de la nature, sont quelques exemples de la très importante masse de publications qui pourrait être étudiée dans une perspective de recherche ethnographique. Une vie n'y suffirait pas. L'approche que j'ai choisie ici est celle d'une lecture volontairement partielle et éclectique (mélangeant articles des bulletins des sociétés savantes de la fin du 19e siècle à aujourd'hui, nécrologies de botanistes, manuels de botanique, ouvrages destinés au grand public, textes littéraires ou philosophiques anciens ou récents) ayant pour but de saisir les éléments récurrents qui traversent le temps, quelles que soient les formes des discours et les époques auxquelles ils ont été produits. C'est en effet grâce à la confrontation de la bibliographie ancienne et moderne d'une part, et au croisement des données de la littérature et du terrain d'autre part, qu'il est possible d'envisager de « *réintégrer l'expérience sensible du temps dans notre mode de connaissance* », ainsi que nous y invite Laplantine dans son plaidoyer pour une anthropologie modale (Laplantine, 2005 : 190). Ainsi, j'ai pu constater que certains traits de l'univers des botanistes, certaines manières de faire ou façons de voir n'ont rien de nouveau si l'on s'en réfère à certains écrits de la fin du 19e ou du début du 20e siècle. On le verra plus loin.

Mais une fois ces « données » récoltées, comment les traiter, les analyser, les traduire et les restituer ? Mon travail de recherche se situe en résonance avec l'anthropologie interprétative développée aux États-Unis par Clifford Geertz qui vise, plutôt que de trouver des lois générales aux phénomènes sociaux, à expliciter le sens que des actions sociales ont pour les acteurs [31]. Pour Geertz, l'ethnographe n'est pas un simple observateur ou traducteur mais avant tout *un interprète* des phénomènes sociaux et de leurs modes de représentation et un producteur d'explications (Ghasarian, 2002 : 13). Guidée par la volonté de comprendre et de rendre compte des points de vue et des motivations des personnes enquêtées, j'ai renoncé à engager un travail quantitatif ou statistique à mes yeux trop superficiel, préférant opter pour une posture heuristique résolument qualitative, telle que Maxwell ou Laplantine[32] le proposent également, et essayant d'associer à cette analyse « en profondeur », nécessaire pour comprendre comment les botanistes vivent et ressentent leur passion, une démarche comparative permettant *in fine* de faire émerger les points communs des vécus et des discours.

L'ambition de cette recherche est donc d'apporter un éclairage sur « les botanistes ». Cela mérite d'être discuté quelques instants : le fait même

---

[31] Texte original : Geertz C., 1973 – *The Interpretation of Cultures*, Basic Books. Traduction française du 1er chapitre : Geertz, C., 1998 – *La description dense : vers une théorie interprétative de la culture*, Enquête, n° 6-1998 : 73-105.
Voir aussi Geertz C., 1996 – *Ici et Là-bas, l'anthropologue comme auteur*. Paris : Métailié.

[32] Selon Maxwell, les chercheurs qualitatifs étudient typiquement un nombre relativement restreint d'individus ou de situations et préservent l'individualité de chacun d'entre eux dans leurs analyses au lieu de rassembler des données par l'intermédiaire de larges échantillons et de totaliser ces données par individu ou par situation. (Maxwell, 1999 : 43, cité par Chanvallon, 2009). Par ailleurs, Laplantine (2005 : 185-187) plaide pour une « anthropologie modale », à savoir « *une anthropologie des modes, des modifications et des modulations ; (...) une démarche permettant d'appréhender les modes de vie, d'action et de connaissance, les manières d'être, et plus précisément les modulations des comportements, y compris les plus apparemment anodins, non seulement dans la relation à l'espace, mais dans la dimension du temps, ou, plutôt, de la durée* ». Le portrait des botanistes présenté dans ce travail s'inscrit dans cette perspective.

d'entreprendre une étude ethnographique sur « les botanistes » contribue à faire « des botanistes » une catégorie sociale à part entière, ce qui en soi est déjà discutable. En outre, cela suppose de tracer, au départ de la recherche et par des choix arbitraires, les frontières de cette catégorie, d'en définir *concrètement* les limites, de décider qui inclure et qui exclure du groupe social à étudier. Or, on sait que l'appartenance à une catégorie sociale n'est jamais du type « tout ou rien » (Piasere, 2010 : 77) et que les groupes sont toujours constitués d'individus qui ont des expériences multiples ; et comme Delaporte l'a montré lors de son étude des entomologistes (Delaporte, 1986 : 159), en réunissant en un même groupe social un conglomérat de rôles dont chacun appartient aux répertoires les plus divers, on court le risque d'un exercice artificiel, aboutissant à la construction d'un objet factice, d'une catégorie potentiellement dépourvue de sens, sociologiquement parlant. Par conséquent comment répondre au départ, même provisoirement et dans une perspective ethnologique, à la question en apparence si évidente : qu'est-ce qu'un botaniste, un passionné de botanique ? Est-ce que toutes les personnes qui observent et nomment un tant soit peu les plantes sont des botanistes ? Il y en aurait énormément... Dans le « milieu », on parle de « bons » botanistes (ce qui sous-entend qu'il y en a de « mauvais ») ; dois-je seulement considérer, pour ce travail, les « bons », les « vrais » ? Qui sont-ils ? Pourquoi décidé-je, moi, qu'un botaniste est un botaniste ; qu'un tel est un passionné de botanique mais pas tel autre ? En d'autres termes, comment constituer un objet d'étude qui corresponde à un groupe cohérent alors que c'est l'objet même de l'étude de vérifier qu'il existe bien un groupe, une micro culture, une culture peut-être ? [33]

Mais l'ethnographe doit à un moment arrêter de se poser des questions et partir de quelque chose ; en quelque sorte « *faire le pari de l'identité pour trouver les vraies différences* »[34]. Ainsi, pour définir mon « échantillon », mon groupe d'étude, j'ai questionné mes propres

[33] Cette question renvoie aussi au paradoxe philosophique Sorite ou « paradoxe du tas » proposé au 4e siècle avant JC par Eubulide. Le philosophe grec (cité par Piasere 2010 : 72) nous dit : *Prenons un grain de blé, ajoutons-en un autre, puis un autre, et ainsi de suite. À partir de quel grain parmi tous ceux que nous allons ajouter, obtiendrons nous un « tas » de blé ? (...) Personne ne peut le dire, le concept de « tas » est par conséquent ambigu et sans base logique.*

[34] Bourdieu Pierre : « *Entretien avec Alban Bensa : quand les Canaques prennent la parole* », Actes de la Recherche en Sciences Sociales, n°56, mars 1985, p. 79.

jugements catégoriels[35], ceux que j'ai faits par le passé et qui m'ont conduite à distinguer, sans jamais vraiment le formuler, les botanistes des jardiniers, les botanistes des herboristes, les botanistes des chercheurs en sciences végétales... Ainsi, en interrogeant mes propres critères de comparaison et mes propres critères d'assimilation des différents individus rencontrés au « groupe » des botanistes, en les comparant aux critères d'assimilation des autres (les non-botanistes) et en procédant ainsi à une sorte d'« assimilation comparative », mon échantillon s'est progressivement constitué.

Composé de personnes qui *en toute vraisemblance* sont des botanistes passionnés, cet échantillon peut se définir au final comme un ensemble de personnes adultes qui consacrent une large partie de leur temps, notamment de leur temps de loisirs, à l'observation « savante » des plantes sur le terrain. Il s'agit d'une part de botanistes actuels de tous âges et de toutes générations, fréquentés antérieurement ou consécutivement au démarrage de cette recherche (*a minima* une soixantaine) ; et d'autre part de botanistes actuels ou défunts, plus ou moins célèbres, rencontrés « à distance », au travers de divers écrits : comptes rendus d'excursions botaniques, mémoires, travaux scientifiques, récits autobiographiques, etc.

Je n'ai pas la prétention de rendre compte de ce que sont *tous* les botanistes, *toutes* les façons d'être passionné de botanique ; je suis loin d'avoir fait le tour de la question. Le champ des interrogations reste immense. L'ambition de ce travail est de fournir, avec ce recueil de récits et de réflexions à lire comme une pérégrination, une contribution à la compréhension d'une partie du « monde » des botanistes.

[35] Le jugement catégoriel (Piasere, 2000 : 75) est le processus par lequel, une fois qu'une correspondance a été établie entre deux domaines, ceux-ci se trouvent dotés d'une telle ressemblance qu'ils sont considérés comme faisant partie d'une même catégorie.

Le botaniste imaginé

- *Si on te dit « botaniste », tu penses à qui en particulier… d'aujourd'hui ?*
- *Ben personne en fait. Personne. Si, je pense au copain de Jack Aubrey dans « Master and Commander », c'est un passionné de compréhension… de ce qu'il connaît pas… En fait, ça doit être un boulot énorme de classement. Après je sais pas trop à quoi… j'imagine qu'il doit y avoir des applications…*

Ginette

L'interrogation de non-botanistes sur l'idée qu'ils se font du travail et de l'univers des botanistes provoque généralement beaucoup d'embarras, d'incertitude, de perplexité même. Si chacun relie sans hésitation le botaniste au monde végétal, il semble qu'en fait, la plupart des gens n'aient aucune idée précise de ce qu'est le quotidien d'un botaniste. Souvent, ils associent le terme à celui de jardinier ou rapportent une image plus ou moins stéréotypée d'une figure du passé, homme de religion, aventurier ou savant de siècles révolus.

Il serait ainsi possible que la représentation des botanistes soit plus riche et plus intéressante à étudier que l'univers réel des botanistes… Par une simple enquête auprès d'une soixantaine de non-botanistes (amis, parents et connaissances plus ou moins proches), et sans se lancer dans une étude très fine des différentes figures du botaniste (ce serait un sujet de recherche à part entière), j'ai tenté de faire émerger quelques-unes de ces représentations. Celles-ci peuvent être résumées par cette sélection d'images[36] donnant un aperçu de la manière dont les personnes enquêtées s'imaginent les botanistes :

C'est un homme. Dans des grandes serres avec des plantes qui viennent du monde entier. Il les collectionne. Il a une chemise avec des boutons, un pantalon de tous les jours, une barbe (petite) et des lunettes. Et peut-être un chapeau et une valisette pour récolter ses plantes. Il est passionné par les plantes qu'il va chercher dans la jungle.

M., 21 ans, étudiante (propos recueilli par courriel).

Un botaniste ? C'est un vieux qui a mauvais caractère... Comme dans le film Marsupilami. *Il est dans une serre et il trouve une formule magique avec des plantes et il redevient jeune.*

Amélie, 9 ans

Un homme d'une autre époque qui ne peut-être pour moi que le 18e ou 19e siècle. (...) Il porte un chapeau à larges bords, une veste mi-longue et des bandes molletières. Il marche les mains derrière le dos, la tête penchée vers le sol (...). Il est en exploration dans une terra incognita *qui ne le restera pas longtemps. (...) C'est un chic type, pétri d'humanisme et imprégné de l'esprit des Lumières.*

D., 50 ans, marin (propos recueilli par courriel)

Je le vois avec un pot de fleur et un arrosoir dans un jardin... (silence)... En vrai, je sais qu'il est dans un bureau avec des livres... (silence)... C'est pas un jardinier en fait... Il a des lunettes... En fait non, il a pas d'arrosoir, il a juste des lunettes et un costume de chercheur et il regarde les plantes.

J., 20 ans, étudiant

Pour moi l'image est double, celle d'un homme, plutôt la cinquantaine, doux et un peu rêveur, habillé un peu comme un jardinier (bottes et tablier). C'est pour lui un passe-temps, une passion. Il vit avec un éternel guide de plantes entre les mains. Il collectionne dans sa tête et coche dans son guide. Le décor est très champêtre (avec beaucoup de fleurs) (...). Il s'intéresse d'ailleurs plus aux fleurs qu'il examine longuement en tournant les pages de son guide. Il émet tout haut des hypothèses et grommelle quand il ne résout pas l'énigme : trouver le nom, la famille... Il connaît aussi des plantes médicinales et aime boire

---

[36] Trente personnes ont répondu à cette enquête. Voir en annexe l'intégralité de leurs réponses.

des tisanes de son invention, le soir. Et puis il y a la version plus ancienne, 19e, de l'homme fortuné qui collectionne des plantes et fait des herbiers. Cette version est plus sévère, redingote noire, et grand chapeau. Il a mis en place un club de botanistes, donc déplacements de groupe (alors que le premier, mon "jardinier" cinquantenaire est plus solitaire).

M. , 48 ans, professeure (propos recueilli par courriel)

Botaniste : c'est un monsieur, avec un short (il sort plutôt à la bonne saison), des chaussures de marche ou des bottes en fonction des lieux fréquentés, il porte des lunettes, il a les cheveux ni trop courts ni trop longs mais forcément ébouriffés et pas très abondants. Il porte une besace où l'on peut imaginer qu'elle contient, au minimum, une loupe, un carnet et un crayon (pour prendre des notes, faire des croquis...), un cahier avec des feuilles de papier buvard pour stocker les précieux échantillons et... la ou les flores. Il est donc plutôt dehors, déterminé, marchant, escaladant, sautant comme un cabri, jusqu'au moment où il tombe en arrêt devant l'objet de ses recherche et là... accroupi, puis assis, sans bouger, il tient du bout des doigts, avec précaution, en regardant longuement sous toutes les coutures ce que nous appellerions, nous les non-botanistes une "herbe". Il ouvre alors sa flore, et ses yeux se posent à tour de rôle sur la plante, puis la flore, puis la plante, puis la flore, puis la plante, puis... Et cela avec une telle concentration que plus rien n'existe autour.

O., 50 ans, responsable d'association (propos recueilli par courriel)

Comme toutes les représentations stéréotypées de groupes, les quelques images réunies ici constituent une « *conviction exagérée* »[37] permettant de répondre de manière simple à la question « *Qui sont ces gens-là par rapport à "nous"* ?» (Berting, *in* Ollivier (coord.), 2009 : 57). Peu importe que les différences soient « réelles » ou « imaginaires », elles permettent de dresser le portrait robot de ces gens, de mettre en évidence leurs supposées caractéristiques, les traits qui leurs semblent propres : une personne est l'Autre parce qu'elle a une ou plusieurs caractéristiques qui la distinguent de « nous »[38].

Les représentations du botaniste sont diverses mais présentent néanmoins un certain nombre de traits communs. En synthétisant l'ensemble des propos des personnes enquêtées, il apparaît que quatre

---

[37] Allport G. W., 1958 - *The Nature of Prejudice.* New York, Doubleday 1 Cy, Inc. p. 60.
[38] *Op. cit.*

groupes de figures stéréotypées émergent, se superposant plus ou moins les unes aux autres.

Du passionné romantique au moine herboriste

Cette figure mêle les stéréotypes de la patience et de la sagesse, de la naïveté, de l'érudition et du désintéressement. Plusieurs variantes apparaissent, plus ou moins proches de l'image archétypale du poète, de l'esthète, de l'ermite, du moine débonnaire ou du jardinier. On peut la décrire ainsi (les mots et expressions cités par les personnes interrogées sont indiquées en italiques) :

Personnage *gentil, un peu naïf, pacifique, patient*, il montre une *forme de décalage avec les autres* et avec le monde « moderne ». *Apaisant et amusant*, il se situe *entre "Tournesol" et un saint avec une auréole.* Il n'est pas sûr qu'il soit toujours facile à vivre. *Absorbé* par *la passion* de *l'observation des plantes* en *pleine nature*, il ne se soucie pas de sa tenue ni de ses postures parfois ridicules (le nez collé *au sol*, les *fesses en l'air*) ; il a les *cheveux ébouriffés*, les *lunettes de travers ou sales* ; ce qui le rend assez attachant. Il *aime la beauté qui se niche dans les détails* ; il est *calme et posé*, plutôt *lent*, mais en même temps, il est *déterminé* : il *marche* (parfois *longtemps*), *escalade, saute* les obstacles. *S'arrête brusquement, observe, ramasse, note,* repart. Il est capable d'une telle *concentration* qu'il peut en oublier ce qui l'entoure. Il *aime partager* sa *passion* et transmettre ses *connaissances*. Il porte *un chapeau et des lunettes*, il a parfois *un panier en osier et un tablier.* Il a une *serre* où *il observe et soigne* longuement *les plantes qu'il fait pousser*. C'est quelqu'un de plutôt *âgé, solitaire, silencieux* qui *aime se promener seul dans la nature*. Un peu *voûté*. Il *semble lent, mais est seulement prudent*. Il est *curieux*, voire *amusant. Il ramasse des plantes, mais aussi des champignons. Le soir, il étudie* ce qu'il a ramassé : *il lit de gros livres*, il feuillette ses *flores ; il parle mi latin, mi français*. Il *compare ce qu'il a ramassé dehors avec ce qui est inscrit dans les livres ; il écrit ; remplit des cahiers d'une petite écriture appliquée mais peu lisible*. Il a des *connaissances sur les propriétés des plantes* et il *aime les bonnes choses* : il se prépare *des soupes, des liqueurs* ou des *tisanes de son invention* avec les plantes qu'il a ramassées. Il peut aussi faire *des remèdes (huiles essentielles...)*. C'est quelqu'un qui *travaille beaucoup et tard le soir* ; il est *calme et travailleur. Doux et un peu rêveur*, il est reposant et *de compagnie agréable*.

Les attributs vestimentaires et les attitudes de ce botaniste caricaturé le situent donc « entre Tournesol et un saint avec une auréole », hors du temps et hors des modes. La littérature et le cinéma ont largement répandu cette image. On se souviendra par exemple du moine herboriste de *Roméo et Juliette*[39], Frère Laurent, ou du personnage principal du roman d'Ernst Jünger, *Les falaises de marbre,* dans lequel est mise en scène une communauté religieuse dont plusieurs membres sont passionnés de botanique :

> *En ces heures de la nuit et du matin j'établissais de nombreuses fiches et augmentais la grande nomenclature de la collection, puis celle de la petite flore. (...) Nous relevions soigneusement toutes les trouvailles faites dans le domaine de la Marina (...). Ainsi grandissait un ouvrage, dont la seule élaboration déjà nous procurait mainte joie. (...). Dès l'enfance, le monde végétal avait été l'objet de mon respect (...). Et j'étais familier de cet instant où le cœur cesse de battre, où nous pressentons dans la fleur qui s'ouvre les mystères qu'enferme en elle toute semence.*
>
> E. Jünger (1939, p. 24)[40].

De l'explorateur du 18e au savant du 20e siècle

La botanique est largement associée à l'histoire des grandes découvertes et expéditions maritimes du 18e siècle. Chacun a entendu parler du grand voyage scientifique conduit par le Comte de La Pérouse et de ses deux frégates, *la Boussole* et *l'Astrolabe*, naufragées en 1788 dans l'océan Pacifique au large des îles de Santa-Cruz. Louis-Antoine de Bougainville, capitaine de frégate, a laissé son nom à une plante brésilienne aujourd'hui largement cultivée en Europe, le fameux bougainvillier ; celle-ci a été découverte en 1767 par le botaniste du Muséum d'histoire naturelle de Paris, Philibert Commerson à l'occasion de l'exploration scientifique dirigée par de Bougainville sur *l'Étoile* et *la Boudeuse*.

À partir de ces récits historiques que l'école et les médias se sont chargés de nous raconter, mais aussi des romans et films d'aventures qui s'en sont inspirés, se sont construites des représentations de naturalistes savants, à la fois distingués, érudits et aventuriers.

---

[39] *Roméo et Juliette*, de Franco Zeffirelli (1968) d'après l'œuvre de William Shakespeare.

[40] Jünger E., (1939) 1979 - *Sur les falaises de marbre.* L'imaginaire. Paris : Gallimard. 172 p.

Philibert Commerson (1727 – 1773), botaniste, médecin du Roy[41].

Ces images imprègnent largement l'imaginaire collectif, à tel point que certaines personnes imaginent mal l'existence de botanistes d'un autre « type » que celui de ces temps historiques (je reprends ci-dessous en italiques les termes exacts qui m'ont été rapportés par certains de mes interlocuteurs) : *plutôt grand et bien découplé,* le botaniste porte une *veste mi-longue, des bandes molletières et un chapeau à bords larges*. Il a un *air de savant*, parfois *une barbe.* Il marche *les mains derrière le dos, la tête penchée vers le sol.* Dans son *sac, il a des tubes, un cahier et des extraits de plantes.* Il semble *imprégné de l'esprit des Lumières,* mais *méprise les gens du peuple. Homme fortuné,* avec sa *redingote noire* et son *grand chapeau,* son air est *sévère*. Il *aime briller.* Il travaille avec le *Muséum national d'histoire naturelle* et le *jardin des plantes.* Son but est d'*améliorer la connaissance*. Il a un *herbier*, un *bureau en bois*. Quant il quitte *son laboratoire* et *ses livres,* c'est pour quelques *excursions à la campagne* en bonne compagnie, ou pour des *expéditions lointaines* : *en exploration dans des* terrae incognitae *qui ne le resteront pas longtemps, sa mission* est de *décrire toutes les espèces qui y poussent. Quand il aura terminé ses inventaires, il rentrera sur un grand bateau rapportant des graines.*

---

[41] Image diffusée sur Wikipedia. (www.fr.wikipedia.org/wiki/Philibert_Commerson consulté le 22/11/2014).

Si cette image est clairement tournée vers le passé, une version un peu plus « moderne », qui en est clairement dérivée, habite certains esprits. Ainsi le botaniste est parfois perçu comme un scientifique *solitaire* héritier du savant du 18e et du 19e siècles ; c'est un homme *ultra-compétent*, qui *ne vit plus que pour sa passion de déterminer, classer, nommer, ranger* ; ce qui le rend *presque misanthrope* et de *compagnie peu agréable*. Il fait *du terrain seul ou en groupe* mais dans ce cas sans trop se soucier des autres, ou en adoptant la posture du *professeur*. Il a un *chapeau à bords larges*. Il *travaille pour la connaissance* et a fort à faire ; *il n'a pas de temps à perdre avec les savoirs populaires sur les usages des plantes*. Il semble quelque peu *méprisant, fermé*.

Ainsi, avec les figures entremêlées de l'explorateur et du savant du Muséum national d'histoire naturelle, nous avons ici une représentation agglomérant les stéréotypes de l'héroïsme, du courage, du génie et du savoir encyclopédique. Cette figure du savant génial et solitaire possédant un volume considérable de connaissances apparaît dans diverses productions littéraires ou cinématographiques. Allamel-Raffin et Gangloff ont mis en évidence le rôle particulier des bandes dessinées dans la diffusion de ces stéréotypes : « *le savant est presque toujours donné à voir comme un homme qui travaille seul et qui progresse dans son entreprise sous le coup d'inspirations subites. (...) Un tel régime de singularité paraît bien comparable en un sens à celui qui a prévalu dans la conception que le Romantisme a forgée de l'artiste : les qualités de ce dernier sont l'individualité, l'originalité et l'exceptionnalité. Ainsi, le personnage du savant se conforme de manière apparemment surprenante à un modèle artistique* ».[42]

Le botaniste-médecin et la sorcière

Interrogés sur leur représentation des botanistes, les enfants et certains adolescents font émerger plus clairement que la plupart des adultes des traits fantasmagoriques particuliers, exprimant un certain rapport du personnage avec la magie. Le raisonnement caricatural (que l'on retrouve dans de nombreux films et livres de jeunesse) est le suivant : les plantes ont un pouvoir magique, bénéfique ou maléfique ; le botaniste étudie les plantes et leurs pouvoirs ; le botaniste est donc une sorte de magicien,

---

[42]Allamel-Raffin C. et Gangloff J.-L, 2007 - Le savant dans la bande dessinée : un personnage contraint. *In*: *Communication et langages*. n°154 : 123-133.

potentiellement un sorcier. L'une des figures allégoriques modernes de ce personnage, connue de près de 450 millions de personnes dans le monde, est Pomouna Chourave, professeur de botanique à l'école de sorciers Poudlard[43] où est élève le célèbre Harry Potter.

Cette dimension n'est cependant pas absente des représentations des adultes, la magie des plantes faisant partie de notre imaginaire commun. Depuis l'Antiquité, des pouvoirs mystérieux sont attribués aux plantes : la théorie des signatures, véhiculée notamment par Dioscoride[44] au premier siècle après J.C., suggérait ainsi que les orchis, aux organes souterrains évocateurs, sont dotés de propriétés aphrodisiaques ou que la mandragore, figure mythique dont les racines ont la forme d'un corps humain et les feuilles évoquent une chevelure en parfait désordre, permettra de guérir les souffrances psychiques.

Notre figure naturaliste se teinte ainsi d'une touche troublante. Le botaniste est un être *mystérieux,* qui fascine et interroge. Il apparaît même pour certains comme quelqu'un *d'inquiétant,* une personne *excentrique,* qui peut être *méchante, perverse, mal intentionnée.* Il est intéressant de noter que ce personnage peut être homme ou femme, alors que les figures stéréotypées du savant ou du passionné romantique, évoquées précédemment, sont préférentiellement des figures masculines. Il passe la plupart de son temps *dans sa serre ou dans un laboratoire,* où il est entouré de *fioles* et de *bocaux.* Un peu *fou, doué* de *pouvoirs magiques,* il *connaît les plantes et leurs propriétés* et s'en sert pour mener à bien ses *projets.* Il *expérimente : fait des croisements de plantes,* en extrait des concentrés de *produits* actifs. La figure de l'*OGM* est en toile de fond, illustrant le lien du botaniste avec les pouvoirs cachés des plantes, tantôt bienfaisantes, tantôt malfaisantes.

L'expert « écolo » du 21e siècle

Dans cette figure, peu évoquée comparativement aux trois précédentes, deux valeurs sont mises en avant : la modernité et la technicité du chercheur. Quelques enquêtés décrivent le botaniste ainsi (je reproduis là encore leurs termes exacts en italiques) : *Homme ou femme, plutôt jeune, actif.* A fait des *études de biologie, et travaille dans un bureau d'études ou*

---

[43] Rowling J.K., 1998 – *Harry Potter à l'école des sorciers.* Paris : Gallimard.

[44] Pedanius Dioscoride : médecin et botaniste grec (~ 40 à 90 après J.C.), auteur de *De materia medica*, ouvrage décrivant plus de mille plantes utilisées pendant l'Antiquité.

un conservatoire botanique. Il est *impliqué* dans des *programmes d'étude ou de conservation des plantes.* Il/elle est plutôt « *écolo* » : *mange bio, cultive un jardin, se soigne plutôt par des médecines non conventionnelles.* Il peut être *un peu puriste. Il maîtrise autant les flores que l'ordinateur et les bases de données.*

Ce botaniste moderne est celui qui fait rêver tous ceux et toutes celles qui, comme le dit l'Office national d'information sur les enseignements et les professions (ONISEP)[45] ont « *envie d'évasion, de grand air* », qui n'ont « *pas peur de faire face aux éléments naturels » et qui veulent « tout apprendre sur la nature, la faire découvrir, et la protéger* ». Selon cet organisme, la mission du botaniste est d' « *étudier les plantes sous toutes leurs coutures, dans ou hors de leur milieu naturel* », en utilisant « *divers procédés scientifiques : des analyses morphologiques (formes), anatomiques (structures internes et externes), phytochimiques (réactions chimiques). Sans oublier l'étude du développement, de la reproduction et de la biodégradabilité (décomposition par micro-organismes)* ». Ses recherches seront incontestablement utiles : « *Par exemple, à mesurer les effets de la pollution industrielle ou du déboisement sur les milieux naturels, afin de mieux les maîtriser. À faire avancer la recherche médicale en exploitant les vertus naturellement thérapeutiques d'une plante tropicale. À associer tel pigment d'écorce à une peinture pour fabriquer une couleur à la mode. Ou encore à utiliser le goût sucré d'une plante comme édulcorant pour des produits diététiques...* ».

À n'en pas douter, le botaniste d'aujourd'hui serait un technicien, certes, mais aussi un magicien ! À moins qu'il ne s'agisse d'une sorte d'enquêteur rusé, un « expert » comme on en voit dans les séries télévisées. C'est ce que certains semblent penser, associant les botanistes à la figure de ces fins limiers *méticuleux*, qui, armés de nombreux *instruments : loupes, pinces, bloc-notes, crayons ou fusains, livres, sécateurs, petites fioles, petite pelle*, le *regard* fixé *au sol*, ne laisseront échapper aucun *indice, aucun détail*.

Ce botaniste semble vu comme un héros d'un nouveau genre, *s'interrogeant* sur le sens des choses, et s'engageant pour la connaissance et la préservation de l'environnement. N'affrontant plus les mers déchaînées et les forêts vierges des zones tropicales, son terrain c'est la nature qui nous entoure, celle qui est menacée et qu'il faut défendre. Grâce

---

[45] Fiche métier « botaniste » de l'ONISEP, http://www.onisep.fr/Ressources/Univers-Metier/Metiers/botaniste consulté le 23 février 2014.

à son accoutrement reconnaissable (*bonne veste imperméable, bottes, sac en bandoulière et carnet),* mais surtout grâce à sa *méthode,* sa *rigueur* et sa *mémoire,* ce *scientifique,* ce *chercheur au sens propre du terme* interroge un *domaine d'étude complexe…* à l'image du monde moderne.

Le botaniste imaginé : un être curieux et paradoxal

Pour conclure ce bref et superficiel panorama des principaux stéréotypes constitutifs de l'imaginaire concernant les botanistes, il semble que si globalement l'image du botaniste soit plutôt positive, une certaine confusion marque les esprits. Selon les contextes et les personnes, certains traits du personnage sont en effet vus comme vertueux ou comme suspects ; le botaniste est dans bien des cas perçu comme un être équivoque.

Ainsi, là où d'aucuns soulignent la valeur de la passion et de l'originalité, d'autres s'interrogent sur le moteur de cet engouement singulier pour le monde végétal, allant parfois jusqu'à soupçonner une forme de misanthropie. Là où les uns signalent avec respect et admiration le savoir encyclopédique accumulé au fil de longues heures de travail, les autres imaginent le botaniste tel un ermite, coupé des réalités du monde et de la « vraie vie ». Le courage mis en avant par ceux capables de braver les dangers de la nature sera perçu tantôt comme une réalité propre aux êtres d'exception, tantôt comme une figure de rhétorique traduisant un besoin d'épate. Enfin, là où les bienveillants noteront avec attachement la sincérité des poètes amoureux de la nature, d'autres ne manqueront pas de railler leur futilité et leur naïveté.

On sait que les représentations collectives de l'Autre sont loin de donner une description réelle de cet Autre (Berting, *in* Ollivier (coord.), 2009 : 70). Ainsi, les botanistes, vivant leur réalité « de l'intérieur », auront certainement du mal à se reconnaître dans les descriptions données par ceux qui ne les connaissent pas intimement. En même temps, celles-ci ne les surprendront probablement pas. Voyons maintenant comment, du dedans, ces passionnés de plantes, en dépit de l'image qu'ils donnent d'eux-mêmes, définissent et vivent leur propre réalité sociale.

Naissance d'une passion

Longtemps, au sens philosophique, les passions ont été opposées à la raison. Encore aujourd'hui, le terme peut parfois être utilisé pour rapporter une « *tendance d'origine affective caractérisée par son intensité et par l'intérêt exclusif et impérieux porté à un seul objet entraînant la diminution ou la perte du sens moral, de l'esprit critique et pouvant provoquer une rupture de l'équilibre psychique* »[46]. Cependant, le mot a peu à peu perdu de sa force et aujourd'hui, dans le langage courant, il évoque, de manière plus valorisante, une « *très vive attirance, un goût extrême, un penchant très vif et persistant pour quelque chose ou quelqu'un, pour un type d'activité, un domaine de la recherche, de l'art, etc. (...).* » (*op. cit.*). Il est synonyme des termes amour, emballement, engouement, enthousiasme, folie, marotte.

Si la passion ne semble donc généralement plus conçue et perçue comme une détérioration de la volonté (Bromberger, *in* Bromberger, 1998 : 25), certains chercheurs en psychologie sociale n'écartent pas cependant la possibilité que certaines passions comportent une dimension subie (Gautier C. *in* CURAPP, 2002 : 32)[47]. C'est ce que semblent laisser entendre la plupart des botanistes interrogés, attribuant leur attachement au monde végétal à une sorte de prédisposition « naturelle », pour ainsi dire native. Sans juger du bien-fondé de ces propos[48], examinons brièvement comment cet ancrage dans la botanique est rapporté par ses protagonistes.

---

[46] Trésor de la langue française informatisé. Site internet du Centre national de recherches textuelles et lexicales : http://www.cnrtl.fr/definition/ consulté le 11 mars 2014.

[47] CURAPP, 2002 : *Passions et sciences humaines.* Centre universitaire de recherches administratives et politiques de Picardie. Actes de congrès. 162 p.

[48] À cet égard, il serait intéressant d'entreprendre une étude sociologique plus poussée, en particulier pour cerner le déterminisme éducatif de cette passion et le rapport que ces passionnés (et leur famille) entretiennent avec l'école et l'accession au savoir.

Il y a d'abord ceux qui considèrent avoir « *toujours* » eu cet intérêt pour les choses de la nature : « *La bota, ça m'a toujours plu...* » (Elsa) ; « *J'ai toujours aimé connaître ce qui m'entourait* » (Nicolas) ; « *J'aimais la nature de tout temps* » (Paul) ; « *J'ai toujours eu un intérêt à la nature* » (Guy). Georges parle quant à lui d'un goût inexplicable pour l'observation des plantes, reçu selon lui comme un don :

> *Mes parents étaient agriculteurs (...). On avait des vaches et puis voilà... que j'allais garder dans les marais. En ce temps-là, on ne cultivait pas du maïs dans les marais, comme maintenant. C'était de la prairie. Donc je suis né en milieu naturel, dans la nature. (...) Et puis, ma mère avait des fleurs dans le jardin et je regardais. Je regardais, voilà. (...) À l'école, y'avait des gars qui (...) étudiaient les sciences naturelles, la biologie... Et moi j'aimais bien regarder sur leurs vieux bouquins, ce qu'on disait des plantes, des familles végétales et tout ça quoi. Y'avait, parmi les professeurs, quelqu'un... je lui demandais un petit peu : qu'est-ce que c'est que cette plante ou... Voilà. Ça m'intéressait. Pourquoi, je ne sais pas... Y'a pas eu de déclic à proprement parler. J'avais un goût inné, en quelque sorte.*

Et puis il y a ceux qui ont « eu le déclic » et qui disent avoir contracté cette passion comme on attrape une maladie, un jour, plus ou moins brutalement. C'est le cas de Philippe racontant s'être réveillé par une sorte d'illumination « *un peu brutale, un matin... les yeux ouverts. Je me suis dit bon ben, il faut que je m'intéresse quand même aux... aux choses... pour être plus relié, plus en lien avec ce qui nous entoure* ». Paul, lui, déclare avoir été frappé par le « *virus de la botanique* ». D'autres auteurs s'intéressant aux passions, comme A.-H. Dufour lors de ses travaux sur les passionnés de jardinage, témoignent de leur rencontre avec ce type d'expressions – « *J'ai été pris par le virus* », « *ça m'a toujours tenu* » – empruntant au lexique de la maladie (Dufour, *in* Bromberger (coord.), 1998 : 80) :

> *J'aimais la nature de tout temps... et puis, j'étais bien quand j'herborisais. Quand je venais en vacances à Pâques, je me précipitais... J'allais me promener aux environs pour... pour voir ce qu'il y avait quoi. J'ai acheté un livre sur la géographie des plantes ; ça m'avait passionné ! J'étais vraiment... enfin aussitôt, dès que j'ai herborisé, ça a été à fond quoi... Et puis je reconnais que j'ai eu de la chance. [Il y a eu] O. qui a compris que j'avais le virus de la botanique. Et donc, il m'avait repéré, il a vu que j'avais l'air de bien connaître les plantes. C'est lui qui m'a dit que (...) ce qui serait bien c'est que j'aille à la faculté, que le professeur G. était quelqu'un de très bien etc. (...). G. m'a accueilli les bras ouverts ; il a senti que j'avais le virus de la botanique sans doute...*

Igor est quant à lui arrivé à la botanique sur le tard, au terme d'une démarche intellectuelle conduisant à la prise de conscience d'un manque, d'une lacune fondamentale à combler : connaître et comprendre le monde végétal dans lequel il se sentait immergé : « *un puits sans fond* » dans lequel il est plongé avec délice :

> *Ben moi en fait, (...) j'ai un peu tout fait pour y arriver (...). À une époque j'écrivais beaucoup de poésie... et j'enrageais de pas connaître le nom des plantes. [Je connaissais] la pâquerette, le coquelicot, et terminé ! Et ça m'énervait quoi. Il me manquait quelque chose (...). Et puis je me suis dit un jour, il faut quand même que je connaisse un peu mieux les choses quoi. J'ai commencé à bouquiner... Et puis pratiquement simultanément (...) on m'a conseillé de me rapprocher de Joseph (...). Ça m'a branché. Je me suis rendu compte à quel point finalement.... ça activait une curiosité permanente et profonde (...). Et de fait, j'aurais pu m'occuper tout le temps avec ça quoi. C'est comme ça que j'ai démarré.*

Moins nombreux sont ceux qui déclarent s'être réfugiés dans la botanique par dépit, fatigués des agitations du monde des humains et espérant trouver dans l'étude des plantes consolation et apaisement. Le plus célèbre d'entre eux est Jean-Jacques Rousseau qui s'initia à la botanique en 1764 à l'âge de 52 ans, peu après que ses écrits (notamment l'*Émile* et *Le contrat social)* ont été condamnés par les autorités françaises et suisses. Dans la *Cinquième promenade*[49], il parle d'un refuge trouvé pour quelques semaines dans l'Île Saint-Pierre, au milieu du lac de Bienne ; déprimé, fatigué des accusations dont il fait l'objet, il écrit :

> *Au lieu de ces tristes paperasses et de toute cette bouquinerie, j'emplissais ma chambre de fleurs et de foin ; car j'étais alors dans ma première ferveur de botanique, pour laquelle le docteur d'Ivernois m'avait inspiré un goût qui bientôt devint passion. Ne voulant plus d'œuvre de travail il m'en fallait une d'amusement qui me plût et qui ne me donnât de peine que celle qu'aime à prendre un paresseux. J'entrepris de faire la* Flora petrinsularis [la flore de l'Ile Saint-Pierre] *et de décrire toutes les plantes de l'île sans omettre une seule, avec un détail suffisant pour m'occuper le reste de mes jours.*

James Lloyd, auteur de cinq éditions de la *Flore de l'Ouest de la France* (1844, 1854, 1868, 1886, 1897), se serait quant à lui adonné à la botanique pour compenser l'impossibilité d'accomplir sa première passion, le chant, suite à une grave maladie des poumons (Dayrat, 2003 : 407). Plus de cent

---

[49] Rousseau [1776-1778], 2012 (*op. cit.* : 97).

ans plus tard en Bretagne, Jules, professeur en retraite, m'a confié qu'en ce qui le concerne c'est une dépression nerveuse survenue il y a vingt-cinq ans qui l'a conduit à la botanique, « *pour ne pas perdre pied* ».

Ces apparitions tardives d'un goût pour la botanique semblent peu communes. Généralement, la passion s'ancre dans l'enfance ou la pré-adolescence. Les promenades à la campagne, seul ou le plus souvent en famille, ou encore les activités de plein air avec les parents ou les grands-parents, tels le jardinage et la pêche, sont fréquemment évoquées pour tenter de raccrocher à un passé généralement heureux son attirance envers les plantes et la nature.

> *On est si on veut, conditionnés un peu par les parents... d'être dans la nature et tout ça... ma mère, toute gamine, il fallait que j'aille jardiner avec elle et tout ça... Les plantes dans le jardin, je les connaissais : les pensées, les dahlias, les pâquerettes, les..., tu vois, c'était léger, mais moi j'adorais ça, ça me plaisait...*
>
> Elsa

> *Pendant la guerre, on venait au jardin du Luxembourg (...), À ce moment-là, comme les pelouses n'étaient pas traitées, y'avait plein de petites fleurs, plein d'adventices ; bon, des banalités, des petites véroniques, des petites labiées... mais on les regardait... avec ma sœur, mes parents... on se faisait attraper par les gardes... Ah oui ! j'ai toujours eu un intérêt à la nature.*
>
> Guy

Certains se souviennent de leur enfance comme d'une période de découverte intime de la nature et d'apprentissage singulier. Ils évoquent les moments passés dehors en totale liberté, où la transgression des interdits (monter aux arbres, traverser des rivières...) était de mise. Seuls dans la nature ou en bandes de copains (souvent de garçons), l'espace « naturel » était le terrain de jeu d'une perpétuelle chasse aux trésors : chercher, fouiner, repérer l'ordinaire de l'extraordinaire, titiller l'inconnu, se faire discret pour mieux observer, chercher à comprendre, tel était le jeu préféré de ces apprentis naturalistes coureurs des bois. Devenus adultes, ils disent se souvenir de cette nature « sauvage » qui s'offrait à eux comme un laboratoire géant, où toutes sortes d'expériences – plus ou moins autorisées et racontables – étaient permises, qu'il s'agisse d'expériences techniques (« on faisait des arcs avec du noisetier »), sensorielles (avoir peur, « être bien dehors », se mouiller les pieds, se piquer au contact d'une broussaille...) ou cognitives (apprendre, mémoriser, raisonner,...).

Robert est de ceux-là : son engouement pour la botanique est né d'une passion ancienne de la nature au sens large, une passion pour la vie sauvage en général, ainsi que d'une admiration pour la « *beauté de la nature et des paysages* » en particulier :

> *Je me suis toujours intéressé. Mais pas qu'aux plantes hein, à tout quoi, les oiseaux, les petits animaux, les tritons, les grenouilles, les insectes, les papillons, tout ça. Tout m'intéressait. J'étais curieux quoi. Très curieux et en même temps toujours déçu parce que je trouvais jamais de réponse… à mes questions. Par exemple les noms (…), je regardais… mais bon, je pouvais jamais mettre de nom dessus… toujours frustré, oui. Parce que t'allais dans les librairies, ben tu trouvais jamais rien…*

Si le plaisir d'être dehors semble constituer le moteur principal de la passion naturaliste, la volonté de savoir en est un autre, tout autant essentiel. Car la passion naturaliste est aussi une passion savante, caractérisée par l'envie d'observer et d'admirer, mais aussi de comprendre et de nommer les objets de la nature. Tous ont ainsi connu le moment où la curiosité individuelle entrait en collision avec la frustration de « ne pas savoir ce que c'est » ou de « ne pas comprendre pourquoi ». Or, apprendre les sciences naturelles (et la botanique en particulier) en solitaire s'avère un exercice ardu et c'est bien vite qu'il faut s'entourer de guides et de conseils pour aller plus loin. Pour les uns, c'est l'école et la formation académique qui transformeront la « fibre » naturaliste en connaissance experte ; pour d'autres ce sont les livres et les échanges avec d'autres passionnés qui permettront de parfaire leurs compétences. La rencontre avec des botanistes confirmés, amateurs ou professionnels, ou des personnes jouant le rôle de modèle ou d'entraîneur, s'avère cruciale pour le déploiement de sa passion. Tous ou presque le disent : « tout seul, on n'est rien » ; au début, il faut un guide, quelqu'un qui pousse et qui encourage.

> *Dans ma famille y'a jamais eu de botanistes. Par contre y'avait des gens qui travaillaient dans le domaine de l'eau… c'est venu un peu par ce chemin-là. Après, de l'autre côté, j'avais un grand-père agriculteur aussi, qui aimait beaucoup la nature et qui m'a beaucoup transmis ça ; il m'a beaucoup promené quand j'étais petit. Ça a commencé… enfin… déjà c'était un premier engouement pour la nature. Mon père aussi, il allait à la pêche… Et puis après c'est par les études… où là, ben, j'ai commencé à apprécier la botanique.*
>
> Mathieu

Avec le passage à l'âge adulte et la nécessité de gagner sa vie, il est fréquent que les passions de jeunesse soit mises au second plan. Tandis que les uns tenteront d'en faire un métier, en choisissant après le bac les formations en biologie qui leur donneront un travail « dans la branche », d'autres se verront contraints de mettre entre parenthèses, pendant un temps plus ou moins long, cette passion qui pourra renaître un peu plus tard. C'est ce qui est arrivé à Robert, décidant vers la quarantaine de donner libre expression à sa soif de connaissance botanique, après un parcours professionnel éclectique, ou à Albert, un peu avant la retraite, au terme d'une vie où le contact avec la nature était trop occasionnel à son goût.

Aujourd'hui, Robert, Elsa, Jean et les autres, quelles que soient les raisons qui les ont poussés à « faire de la bota », s'y adonnent ou s'y sont adonnés avec enthousiasme et entrain. Tous, probablement, se sont retrouvés à un moment de leur itinéraire dans cette phrase de la *Septième promenade*[50] :

> *Attiré par les riants objets qui m'entourent, je les considère, je les contemple, je les compare, j'apprends enfin à les classer, et me voilà tout d'un coup aussi botaniste qu'a besoin de l'être celui qui ne veut étudier la nature que pour trouver sans cesse de nouvelles raisons de l'aimer.*

Ce premier croquis de la passion botaniste, dessiné à partir des modalités de son ancrage individuel, montre que celle-ci est fondée sur la recherche de compréhension, d'enquêtes, d'interrogations sur le monde. Elle s'apparente ainsi aux passions cognitives telles que Roux, Charvolin et Dumain les ont définies, portant en elles à la fois « *la dimension subversive de la passion, cette part de wild de la pensée sauvage*[51]*, cette part d'ivresse dont parle Weber à propos du savant*[52]*, et la dimension pragmatique du connaître et de l'activité d'enquête* » (Roux *et al.*, 2009).

[50] Rousseau [1776-1778], 2012 (*op. cit.* : 132).

[51] Les auteurs font ici référence à la notion de « pensée sauvage » de Claude Lévi-Strauss qui désigne la pensée humaine dans sa dynamique primordiale, créatrice, « irruptive ».

[52] Dans *Le savant et le politique,* Weber (1919 : 10) parle de l'expérience vécue de la science et de la « *singulière ivresse* » que connaissent les passionnés de science. Publication en ligne : http://www.uqac.uquebec.ca/zone30/Classiques_des_sciences_sociales/index.html.

Faire de la botanique

> *Les gens comprennent pas ce qu'on fait. Se balader d'accord, mais... Même, les gens se disent : qu'est-ce que tu trouves, qu'est-ce que tu fais... Qu'est-ce que tu fais avec ton bouquin dans la nature...*
>
> Nicolas

Comme toutes les passions (Roux *et al.*, 2009 : 372), celle concernant la botanique s'inscrit dans un temps long : elle se cultive, se développe, s'enrichit, mûrit petit à petit. Elle s'ancre la plupart du temps dans l'enfance ou dans l'adolescence et se construit progressivement tout au long de la vie, connaissant parfois des hauts et des bas, des moments d'excitation et des temps de repli. Mais dans tous les cas, que ce soit à ses débuts ou en pleine maturité, c'est le rythme des saisons qui l'influence, la charpente, la module et lui donne du sens.

Ce chapitre propose de décrire concrètement l'activité des botanistes au fil du temps cyclique de la nature afin de mieux rendre compte de la richesse et de la disparité des aspects de cette passion. Il s'agit ici de donner un aperçu de l'ensemble des temps forts qui façonnent cette passion tout au long de la vie, dans un va-et-vient permanent entre émotions, jeu et travail, entre pratiques individuelles et collectives, entre moments de calme et d'exaltation, entre plaisirs égoïstes et partage de savoirs.

Le temps cyclique des botanistes

L'activité des botanistes est, dans une forme d'homologie avec l'objet de leur passion, intimement liée à celle des plantes qu'ils étudient. Elle montre un rythme cyclique très net, où les moments marquants de chaque saison, caractérisés par des points forts et des points faibles, constituent des éléments structurants de la pratique. C'est avant tout la phénologie des plantes étudiées par le botaniste qui marque concrètement le travail de celui-ci et le rythme de son activité : l'objet de la passion dicte la conduite du sujet passionné et lui impose sa cadence.

> *Les bois, faut que je passe en avril. Les prairies, faut que je les fasse en mai, sauf les calcaires, que je fais en début juin, autrement je passe en mai. Les zones humides, faut passer fin mai et puis il faut repasser en juin éventuellement, et puis en septembre ; c'est des endroits où il y a des variations de niveaux d'eau... Les cultures, je fais ça... orge avoine tout ça, je les fais fin juin-juillet avant la moisson, et après quand ils déchaument pas. Je peux repasser en septembre, quand je fais les maïs. Il faut toujours passer au coup de feu dans les différents endroits.*
>
> Léon

L'hiver, la plupart des espèces végétales sont en phase de repos ; les caractères qui permettent de les identifier de manière fiable, feuilles, fleurs ou fruits, ne sont plus guère visibles. Pour les passionnés de terrain, cette période est alors caractérisée par une forme de tranquillité et de repli sur soi ; c'est une saison plus intérieure qu'extérieure, plus solitaire que sociable. Mais en fait, elle n'en est pas pour autant une saison « morte ». Il vaudrait mieux la considérer comme une « basse saison », vécue plutôt comme une période « en creux » par rapport aux hautes saisons que sont le printemps et l'été, et au cours desquelles la majorité des plantes sauvages sont à leur optimum de développement. Tandis que certains mettent leur passion en sommeil à partir de novembre, une fois la période active de terrain passée, les autres profitent des jours froids pour continuer à l'entretenir et la faire vivre, sous d'autres formes : correspondance et travaux divers de synthèse ou d'écriture, classement de photographies et parfois, constitution d'herbiers.

Evidemment, il y a des exceptions car certaines plantes appréciant la froideur et l'humidité de l'hiver (notamment les mousses et certaines fougères) sont, à cette saison, mieux visibles qu'en été. C'est ainsi que les mois d'hiver sont traversés de manière différente selon les botanistes, en fonction de leur spécialité, de leurs domaines de prédilection et de leur niveau d'investissement. Les botanistes les plus mordus se trouvent des terrains d'études variés, augmentant la gamme des types de plantes à rechercher sur le terrain et étendant de cette manière la période de mise en œuvre de leur passion *in situ*. Tel est le cas de Simon, bryologue[53] qui sort en plein hiver explorer rochers et autres troncs d'arbres moussus ; bottes aux pieds, veste chaude, loupes portatives de divers grossissements autour du cou, sac en bandoulière, il observe, note et collecte des échantillons qu'il prendra le temps de déterminer plus tard chez lui. La saison hivernale n'arrête pas non plus Robert, « *à fond dans les lichens* » depuis quelques mois et qui se réjouit d'avoir « *toujours plein de trucs à voir* ». Au fond de son salon, près de la télévision et des fauteuils, il a installé son poste de travail : une table où s'entassent carnets, livres et échantillons de lichens attendant d'être déterminés ; le tout à proximité d'une loupe binoculaire et d'un vieux microscope, qu'il envisage de renouveler prochainement, quand ses finances le lui permettront.

Pour ceux qui s'intéressent uniquement à la flore vasculaire, et qui font de l'observation des plantes dans la nature le pilier de leur passion, les mois de novembre à février constituent surtout une période d'« entre-deux ». Les relations sociales sont alors moins vives, moins denses ; elles se concentrent souvent sur un cercle relationnel resserré constitué d'amis ou, pour certains, de spécialistes avec qui on échangera sur des plantes difficiles à déterminer, en vue de résoudre les problèmes d'identification. L'hiver s'offre ainsi comme une période d'apprentissage différente, à l'abri.

Le printemps est marqué par une forte effervescence. Le développement de certaines espèces marque l'ouverture presque « officielle » de la saison de terrain. Chaque région a ses espèces vernales « rituelles » ; pour ce qui est des régions atlantiques[54], on pense aux saules et aux noisetiers qui produisent leurs chatons très tôt dans la saison, à la ficaire, dont les fleurs jaunes émaillent les sous-bois dès la fin février, à certaines véroniques qui annoncent le démarrage de la pleine saison des milieux herbeux, ou encore aux minuscules graminées des pelouses rases, telle *Mibora minima,* dont la floraison donnera au botaniste le signal de départ pour d'efficaces prospections dans ces milieux. Une fois ce « top départ » donné, les botanistes savent qu'il ne faudra pas traîner : certaines plantes bouclent leurs cycles biologiques en peu de temps et pour bien les

---

[53] Spécialiste des mousses.

[54] La plupart des exemples cités dans cet ouvrage concernent le Massif armoricain, région biogéographique couvrant la Bretagne et la partie occidentale des Pays de la Loire et de la Normandie.

voir, bien les identifier, il faudra se dépêcher. Les sorties se multiplient, les échanges aussi. La première sortie de printemps en groupe est un moment important pour les botanistes qui apprécient les interactions avec d'autres passionnés. Elle est vécue à la fois comme un instant de retrouvailles et pour certains comme une remise en route : il faut retrouver les réflexes liés à l'observation *in situ* et faire resurgir les noms des plantes appris une année auparavant et quelque peu effacés depuis par le repos hivernal. Extrait d'un échange sur le terrain [55] :

- *Tiens, Corydalis claviculata ! Il est en fleurs aussi par chez vous ?*
- *Je ne sais pas, je ne l'ai pas encore vu...*
- *Si, si, moi je l'ai vu, ça commence.*
- [Un autre, arrivant vite, curieux de cette discussion naissante autour de la plante qu'il croit reconnaître] : *Tiens ! Fumaria capreolata !*
- *Non, c'est Corydalis.*
- [L'autre, reconnaissant qu'il s'est trompé, alors que la détermination aurait due être évidente] : *Oh oui ! c'est vrai... Oh là là !*

Alors que l'on pourrait définir le printemps, de manière un peu schématique, comme la saison de la remobilisation des savoirs acquis et de la redécouverte des joies du terrain et de l'observation minutieuse, le début de **l'été** est une période où les passionnés de botanique sont, hormis les débutants, en pleine vitesse de croisière. Les automatismes et les réflexes sont de retour, les plantes reconnues plus facilement. Dans ce laboratoire particulier que constitue la nature, la production de connaissance est alors à son optimum. Mais là encore il faut faire vite car, alors que dans les landes et les tourbières la plupart des plantes est en pleine floraison, les petites annuelles des milieux secs du littoral sont déjà « grillées » depuis longtemps et de nombreuses vivaces ne sont déjà plus identifiables ; dans les prairies de fauche, il conviendra de passer avant que l'herbe ne soit coupée, tandis que dans les pâtures, il faudra espérer que le bétail n'ait pas tout consommé ou piétiné. Restent, heureusement, les zones humides et aquatiques où le botaniste est toujours sûr de voir « des choses intéressantes », ainsi que les bois ou encore les zones cultivées qui offriront un terrain de jeu jusque tard dans la saison.

> *L'époque de notre ascension, en août, était un peu tardive ; pour bien des plantes, la floraison était passée. (...) Voulez-vous faire une herborisation vraiment fructueuse ? Soyez ici la première quinzaine de juillet, et surtout devancez l'apparition des troupeaux sur ces hauteurs : où le mouton a brouté vous ne récolteriez que de minables restes.*

[55] Sortie réunissant une trentaine de botanistes venus de toute la Bretagne, en avril 2013.

Encore épargné par la dent des troupeaux, le sommet du Ventoux est en juillet un vrai parterre ; sa couche de pierrailles est émaillée de fleurs. (...) En mes souvenirs apparaissent, toutes ruisselantes de la rosée du matin, les gracieuses touffes d'Androsace villeuse, à fleurs blanches avec un œil rose tendre ; la violette du mont Cenis, dont les grandes corolles bleues s'étalent sur les éclats de calcaire ; (...) le Myosotis alpestre, dont l'azur rivalise avec celui des cieux (...).

Jean-Henri Fabre (1985 : 46)[56]

Avec l'arrivée de **l'automne**, la haute saison se termine progressivement. Là aussi quelques plantes indicatrices de l'approche des jours courts font office de signal d'alarme : le développement des plantes de la famille des Amarantacées (épinards sauvages, arroches, amarantes et autres salicornes) alors à son optimum, marque par exemple le moment où le botaniste qui souhaite rencontrer encore de nouvelles espèces pourra avantageusement prospecter les vases salées ou les hauts de plage du littoral ainsi que les bords des champs. Puis progressivement, les rencontres de passionnés sur le terrain s'espacent. Les soirées s'allongeant, le mauvais temps prenant le dessus, une autre forme d'activité entre en scène, celle du bilan et de la synthèse des découvertes de l'année. Les institutions botaniques qui, lors des mois précédents, ont contribué à animer des sorties communes et à faire des inventaires botaniques, font alors office, via les réseaux de sociabilité scientifique, d'agents de mutualisation et de valorisation des découvertes de chacun. Dans les milieux professionnels, c'est le temps de la rédaction des rapports d'études qui seront restitués en fin d'année aux « décideurs » souhaitant connaître les enjeux botaniques de tel ou tel secteur. Les autres s'engagent à un rythme plus ou moins tranquille dans la compilation et la synthèse de leurs observations ; ils mettent de l'ordre dans leurs connaissances, les peaufinent et soignent leurs collections, qu'il s'agisse de collections d'herbiers ou de collections de données. Ce faisant, ils « *rassemblent le monde, qui se range donc dans des placards et des tiroirs aussi bien qu'il s'écrit sur papier* » (Latour, 1993 : 151). Moments plus intimes pour le botaniste qui rassemble ses données ; moments parfois plus âpres aussi, pour le botaniste professionnel qui, fatigué de sa saison de terrain, pressé par les délais de restitution de ses travaux, se demande si les contraintes du métier ne tuent pas les plaisirs de la passion.

---

[56] Fabre J.-H., 1865 (2003) - *Une ascension au Mont Ventoux.* Rivages poche / Petite bibliothèque.

Apprendre la botanique

Les dictionnaires, pour la plupart, nous donnent de la botanique une définition extrêmement vaste : « *science qui a pour objet l'étude des végétaux* » pour le TLFi[57] ; « *science qui traite des plantes et de leurs propriétés* » pour la quatrième édition du dictionnaire de l'académie française ; « *science qui a pour objet la connaissance, la description et la classification des végétaux* » dans la neuvième édition[58]. Toutes ces définitions laissent entrevoir l'ampleur du domaine, recoupant une multitude de disciplines (morphologie, écologie, chimie et physiologie végétales, phylogénie…) qui, au fur et à mesure de leur développement historique, sont devenues des sciences à part entière, mais qui ne sauraient être dissociées les unes des autres ni dissociées de la classification végétale (Schnell, *in* Raynal-Roques, 1994).

---

[57] Trésor de la langue française informatisé. Site internet du Centre national de recherches textuelles et lexicales : http://www.cnrtl.fr/definition/ consulté le 25 juillet 2014.
[58] *Op. cit.*

Toutes ces disciplines, quelles qu'elles soient, impliquent en effet au départ que les plantes soient connues de façon précise, qu'elles aient été désignées selon les règles de la nomenclature et de la systématique végétales. Ce travail d'identification et de désignation représente un champ d'investigation à part entière, constituant le socle de l'activité de ceux qu'il est convenu d'appeler « botanistes » :

> *Le botaniste... vraiment à la base, c'est quelqu'un qui connaît les plantes, qui est capable de les déterminer ; de leur donner un nom, mais un nom qui est le leur, un nom juste.*
>
> Mathieu

Apprendre la botanique consiste donc, avant tout, à assimiler et à mettre en œuvre les règles de reconnaissance et de nomination des plantes. Ce n'est qu'une fois cette tâche accomplie qu'il sera possible d'aller plus loin et le cas échéant de nouer des relations avec les autres disciplines traitant du végétal. En 1900, Charles Flahaut, botaniste, phytosociologue et phytogéographe, définissait le rôle de la botanique en ces termes : « *Le rôle de la botanique floristique est relativement simple. Quelle que soit l'étendue du territoire considéré, elle se propose d'établir la statistique des espèces qui le peuplent, recherche leur origine, leurs migrations, leur distribution actuelle et antérieure* ».[59] Même s'il s'est enrichi au cours du 20e siècle, notamment avec l'émergence de l'écologie, le projet botanique moderne reste fondamentalement basé sur cette définition. La nomenclature botanique, lien universel permettant à tous les botanistes de la planète de parler un langage commun, constitue l'un des piliers de ce projet.

Reconnaître et nommer les plantes

> *Quand je suis arrivé au jardin botanique, j'ai vu [la collection] des plantes sauvages. Alors, c'était en latin (...) et comme je débarquais, c'était un peu de l'hébreu pour moi tout ça. J'ai appris quand même les familles, donc j'arrivais à me débrouiller comme ça (...). Les noms latins [au début] ça me parlait pas trop ; déjà les noms français, c'était pas les mêmes que ceux que disait mon père. Ce qui m'avait fasciné au jardin botanique, c'est qu'on avait toute une collection réunie sur place ; et pour moi c'était super quoi ! (...) Moi ce que je voulais,*

---

[59] Flahaut C., 1900 – Projet de nomenclature phytogéographique. Actes du Congrès international de botanique. p. 21.

c'était... les connaître... la connaissance des plantes, voilà. Les connaître par cœur. Et donc là, faut quand même du temps...

Léon

Pour la plupart des botanistes, apprendre à connaître et apprendre à nommer les plantes sont des processus pensés comme équivalents : en règle générale, le botaniste qui dit connaître une plante est celui qui a su l'identifier par son nom. Cette façon particulière d'appréhender la connaissance n'est pas propre à la botanique. Elle constitue un trait commun de toutes les sciences naturalistes car être capable de « mettre un nom » sur un individu vivant d'animal ou de végétal est l'un des moyens d'apporter la preuve de la réalité physique de celui-ci : « *la nomination est un moyen de s'assurer de la réalité du monde* » (Majaste, cité par Christin, 2000 : 49). Nommer une plante, c'est ainsi démontrer son existence, c'est la reconnaître ; c'est ce qui permet, ensuite, de pénétrer dans son « univers », notamment de comprendre ses conditions de vie et les relations qu'elle entretient avec les autres êtres vivants.

Nommer implique d'observer finement et de décrire. C'est parce que la plante présente telles caractéristiques que je peux lui donner tel nom. Le langage descriptif est certainement le premier obstacle auquel se heurte le néophyte qui aborde la botanique. Les descriptions classiques utilisent un vocabulaire spécialisé dont la définition ne se trouve plus dans les dictionnaires usuels de la langue française (Raynal-Roques, 1994 : 407). Jusqu'à la Première guerre mondiale environ, la plupart des mots permettant de décrire les plantes se trouvaient dans les petites éditions successives du dictionnaire Larousse, ce qui montre qu'ils étaient alors d'un usage courant. Jusqu'à cette époque, la botanique était enseignée à l'école primaire (*op. cit.*). Mais à l'heure actuelle, cet enseignement a quasiment disparu des cursus scolaires du primaire et du secondaire et c'est toute une génération qui arrive aujourd'hui à l'université de biologie sans presque savoir ce qui distingue un sépale d'un pétale, ce qui était encore impensable il y a une trentaine d'années.

Le vocabulaire reste pourtant la clé d'entrée indispensable à toute étude botanique. Lui seul permet de formuler les descriptions nécessaires à l'identification des plantes. Jean-Jacques Rousseau disait à cet égard : « *Essayez de vous tracer l'image d'un arbre en général, jamais vous n'en viendrez à bout, malgré vous il faudra le voir petit ou grand, rare ou touffu, clair ou foncé, et s'il dépendait de vous de n'y voir que ce qui se trouve en tout arbre, cette image ne ressemblerait plus à un arbre ».*[60]

Pour pouvoir nommer une plante, il faut d'abord la classer, c'est-à-dire la positionner dans les diverses catégories préétablies de la classification végétale (les familles, les genres, les espèces…) rassemblant des plantes possédant des caractères communs. Cet exercice oblige à rechercher les ressemblances entre les divers individus de plantes, mais aussi les différences. Attribuer un nom botanique est donc le résultat d'un processus consistant à observer, comparer, reconnaître certains critères distinctifs, recouper les informations, faire des choix. Il s'agit de percevoir la concordance entre un individu végétal concret, observé sur le terrain, et sa description dans un texte de référence contenu dans une flore[61]. Dans cette opération particulière de l'esprit, la mémoire des savoirs acquis dans les livres et l'observation du réel sont en interaction constante. Leur confrontation débouche alors sur une prise de décision consistant à inclure la plante étudiée dans une catégorie taxonomique (ou à l'en exclure) ; chacune de ces catégories étant dénommée par un nom scientifique en latin (langue universelle des sciences naturalistes), éventuellement en français.

Les caractères observés sont très variés : forme des feuilles, des inflorescences, des fleurs, des tiges et des organes souterrains ; odeur, couleur, rugosité ou douceur au toucher, saveur ; présence de poils, de dents, de ridules, de cavités, de bosses et autres sinuosités nichées dans les diverses parties de la plantes ; nombre de styles, d'étamines, de pétales et de sépales ; taille et longueur des bractées, des pédoncules et des pédicelles, des pennes et des pinnules, des glumes et des lemmes… autant de critères, autant de mots, magiques et attractifs pour les uns, effrayants ou rebutants pour les autres. En réalité, c'est la diversité des formes et des structures végétales qui est traduite dans la richesse du vocabulaire et c'est pour cette raison que la maîtrise de la terminologie constitue l'un des fondements de la botanique. Être capable de dire si une plante a des inflorescences en corymbes ou en ombelles, si ses feuilles sont glabres ou tomenteuses, si les bractées sont scarieuses ou non, si les akènes sont lisses ou rugueux, tel est l'enjeu : observer et verbaliser est une condition nécessaire d'apprentissage et de perfectionnement.

---

[60] Rousseau J.-J., 1817 – *Œuvres complètes*. Paris : Belin : 273.

[61] Les flores sont les noms donnés aux livres de référence des botanistes ; y figure le détail des critères permettant d'identifier toutes les plantes sauvages connues dans un territoire donné (une région, un pays…). Toutes les flores proposent des « clés » permettant de déterminer (en principe) n'importe quel échantillon de plante prélevé sur le terrain.

Il faut admettre que le langage botanique est difficile d'accès au profane : dans les ouvrages spécialisés, les descriptions des plantes apparaissent plus ou moins incompréhensibles au lecteur qui n'appartient pas au cercle des botanistes entraînés (Raynal-Roques, 1994 : 407). À la fin du 19e déjà, Cornuault conseillait aux botanistes en herbe de ne pas débuter par des ouvrages trop sérieux et il préconisait une progression lente et ludique. C'est le conseil que la plupart des botanistes du 21e siècle semblent avoir suivi :

> *Ce n'est pas un manuel de botanique qu'il faudrait mettre entre les mains des enfants. (...) Enseignez-lui à connaître les organes dont se compose une plante ; ensuite, avec un dictionnaire des mots techniques il apprendra très vite (...) les termes qui ne lui sont pas familiers. Quand vous rencontrez une plante inconnue pour lui, ne lui en dites pas le nom, laissez-lui la joie de le trouver (...). Mettez, autant que possible, entre ses mains la flore du pays qu'il habite, (...) l'espoir de découvrir des espèces peu répandues encouragera ses recherches. Apprenez-lui à dessécher les plantes et à composer un herbier ; le collectionneur devient vite amateur. Plus tard, quand le goût des plantes sera éveillé chez lui, il sentira lui-même le besoin des notions de botanique qui lui manquent, et il les étudiera sans effort et avec intérêt.*
>
> Pierre Cornuault, 1889.[62]

Des guides illustrés aux flores

> *Déjà y'avait une grosse bibliothèque chez mes parents. C'était des guides, tous les guides de la nature, animaux, végétaux tout ça (...) Donc ça a commencé comme ça, tu te balades avec la flore illustrée, tu regardes, t'es content, t'identifies des trucs, tu retiens quelques trucs... et après j'ai acheté la Flore forestière française... au lycée... parce qu'à l'époque il fallait l'avoir, c'était la flore de référence. Et puis c'est illustré toujours. Et après, je pense que j'ai acheté des flores illustrées chez Delachaux[63]... et après ça doit être la « des Abb[64] » que j'ai achetée. Et de là après, c'est comme si j'avais trouvé ma voie.*
>
> Nicolas

[62] Cornuault P., 1889 - *Comment peut-on devenir botaniste* ? La revue horticole, avril 1889.
[63] Delachaux et Niestlé : éditeurs de nombreux livres sur la nature.
[64] Des Abbayes H., Claustres G., Corillion R., Dupont P., (1971) 2012 – *Flore et végétation du Massif armoricain*. Fougères : Editions Henry des Abbayes.

La capacité de reconnaître de plus en plus de plantes dépend de la précision du regard et de celle du langage ; toutes les deux s'acquièrent ensemble, progressivement, et par paliers. Pour le jeune apprenant, il s'agit d'abord d'identifier les « principales différences », celles repérables à l'œil nu et pour lesquelles il dispose des mots pour les décrire, comme la forme globale des fleurs ou leur couleur. Petit à petit, il est possible de « rentrer dans le détail », en étudiant les caractères plus discrets, dont la description imposera la maîtrise de nouveaux termes, et dont l'observation nécessitera obligatoirement l'acquisition d'une loupe portative, et même plus tard d'une loupe binoculaire (« une bino ») ou d'un microscope.

Tous les botanistes ou presque semblent avoir suivi le même itinéraire d'apprentissage, passant progressivement d'une catégorisation des plantes « par les couleurs » ou « par les familles », à une classification plus précise (plus scientifique disent-ils) nécessitant de recourir à des tableaux comparatifs ou à des clés de détermination. Elsa s'est initiée avec des livres de photographie (« *et puis une fois que j'avais tout vu dans le bouquin, ben faut passer à un autre bouquin...* »). Robert se souvient quant à lui que petit, c'est dans le dictionnaire qu'il cherchait comment les plantes de son entourage s'appelaient, et plus tard « *dans les petits livres, là... du genre "*Quelle est donc cette plante ?*"*[65] (...) *où t'as toujours les mêmes espèces mais t'as jamais celle que tu cherches évidemment... À part les très communes quoi !* ». Malgré leur incomplétude et leurs imperfections, les ouvrages de botanique illustrés, destinés à un plus large public, font partie de la boîte à outils de tous les naturalistes débutants. Ils permettent au botaniste en herbe d'affûter peu à peu son regard et de progressivement s'approprier la base du vocabulaire technique indispensable à la pratique d'une botanique plus exigeante.

> *Ça m'a bien aidé quand même parce que... moi, je connaissais quand même les familles à peu près... Alors ce que je faisais, je cherchais dans la famille, je m'disais « oh ben tiens, ça se rapproche des linaires, ça » ; bon, ben j'allais dans les linaires et puis je regardais un peu avant, un peu après, (...) et puis j'allais regarder le texte et puis... Un peu à l'instinct. [Après] j'ai suivi les cours de la fac. Et à la fin de l'année, on partait faire un périple (...) c'était très intéressant. Et là ça m'a permis d'acquérir un peu plus de vocabulaire et de commencer à bien déterminer les espèces. À utiliser les flores... professionnelles.*
>
> Léon

---

[65] Les éditions Nathan ont publié une série de petits livres illustrés concernant la botanique : *Quelle est donc cette fleur ? Quel est donc cet arbre ? Les fleurs des montagnes,* etc.

Mais plus tard, quand le botaniste se rend compte que la diversité végétale est bien plus grande que ce qu'en disent ces petits guides d'initiation, quand les bases du vocabulaire sont acquises et qu'un certain sentiment de stagnation se fait jour, il est temps – la passion a besoin de se nourrir – de passer aux flores plus techniques. Toutes ces flores, plus arides mais plus complètes et plus précises, comportent des clés de détermination qui obligent non seulement à maîtriser tous les termes techniques mais aussi à exercer son regard. Voici un exemple d'une de ces clés dichotomiques, ici concernant un groupe de plantes carnivores aquatiques, les utriculaires.

■ [Si l'] Appareil végétatif [est] flottant librement, de taille importante (pouvant atteindre plusieurs décimètres) et présentant uniquement des rameaux feuillés et vésiculeux, [alors regarder] :

- [Si la] Lèvre inférieure de la corolle [est] plus ou moins plane mais jamais en forme de selle (caractère à observer sur l'ensemble de la population) ; [si le] Palais [est] glabre ; [si la] Partie interne inférieure de l'éperon [est] glanduleuse sur toutes ses faces.

  [Dans ce cas, il s'agit de] *Utricularia australis* R. Br.

- [Si la] Lèvre inférieure de la corolle [est] en forme de selle, à bords nettement réfléchis vers le bas (caractère à observer sur des spécimens frais uniquement). ; [si le] Palais [est] pubescent ; [si la] Partie interne inférieure de l'éperon [est] glanduleuse uniquement sur sa face supérieure.

  [Dans ce cas, il s'agit de] *Utricularia vulgaris* L.

■ [Si l'] Appareil végétatif [est] plus ou moins enfoui dans la vase (Attention ! On observe fréquemment des fragments détachés flottant librement) et présentant deux types de rameaux : les uns verts, vésiculeux ou non, et les autres diaphanes portant des vésicules et des feuilles réduites blanchâtres, [alors regarder] :

- [etc.]

Exemple de clé de détermination [66]

[66] Extrait de André et Ferrez, 2005 - Les *Utricularia* de Franche-Comté. *Nouvelles archives de la flore jurassienne*, n°3. Besançon : Conservatoire botanique national de Franche-Comté et Société botanique de Franche-Comté : 29-39.

Le passage des flores illustrées « grand public » (mettant l'accent sur les noms français des plantes, rarement sur leurs noms scientifiques en latin) aux ouvrages techniques comportant de telles clés dichotomiques marque ainsi une étape très importante dans l'itinéraire de nos passionnés et dans l'affirmation de leur « statut » de botaniste. C'est un cap essentiel dont la valeur symbolique est majeure : parce que, via l'utilisation de ces outils plus sophistiqués, le botaniste est capable de voir de plus en plus de détails, de différences entre les espèces, parce qu'il peut désormais entrevoir la possibilité de distinguer et de nommer toutes les plantes décrites par les botanistes qui l'ont précédé, le passionné n'est plus un simple curieux, il devient, il se *sent* botaniste. En employant les mêmes outils, les mêmes mots, la même langue botanique universelle (le latin) que d'autres scientifiques, il devient capable d'identifier et de nommer des plantes que d'autres botanistes, bien avant lui, ont décrites et nommées ; en s'accordant avec eux sur ces noms, il peut développer un certain sentiment d'appartenance à une même communauté.

> *(...) Il me semble qu'un des plus grands charmes de la botanique est, après celui de voir par soi-même, celui de vérifier ce qu'ont vu les autres : donner sur les témoignages de mes propres yeux, mon assentiment aux observations fines et justes d'un auteur me paraît une véritable jouissance.*
>
> Jean-Jacques Rousseau [67]

L'accord sur les noms permet ainsi de construire un savoir collectif et transmissible sur les plantes (Drouin J.-M., 2008 : 80). En y contribuant, le botaniste apparaît aux yeux des autres (les non-botanistes) comme un savant, un spécialiste capable de reconnaître des centaines d'espèces dont la plupart restent invisibles au commun des mortels. Savoir identifier et désigner n'est pas l'apanage exclusif des mordus de botanique ; c'est le propre de tous les passionnés dont Bromberger observe qu'ils apparaissent souvent comme « *d'inlassables érudits et classificateurs qui puisent une partie de leur jouissance dans les méandres d'un savoir encyclopédique. Un des piments de ces pratiques est de transformer le perçu en nommé, d'exhausser les sensations en connaissances, de traduire en mots précis ce que le commun ressent confusément ou repère approximativement* » (Bromberger 1998 : 29).

---

[67] Rousseau J.J. – *Correspondance complète.* Éditée par R.-A. Leigh. Genève et Oxford. 1965-1984, vol. 39, p. 37 (lettre 6933) – cité par Drouin J.-M., 2008 : 81).

C'est donc en grande partie en jouant à ce jeu de la désignation que la passion s'enrichit, que naît le plaisir de la découverte et du « connaître », souligné par tous, et que commence le voyage dans le monde végétal.

> *[Les flores et les clés de détermination] pour moi c'était magique... Je pense que finalement, j'ai rencontré quelque chose que je cherchais quoi. (...) Moi mine de rien, je me suffis pas de... de... du concret, quoi ; j'ai besoin d'aller au-delà. Et c'était un peu... mon imaginaire qui travaillait avec toutes ces descriptions, là... Toutes ces choses que je connaissais pas... la curiosité qu'était piquée au vif... les mots... la magie des mots qu'était derrière....*
>
> Igor

Mais l'apprentissage de la botanique ne se résume pas à celui des noms des plantes. Le botaniste n'est pas seulement un collectionneur de noms de plantes. Une fois acquis le vocabulaire et les règles de la désignation des plantes, il lui reste bien d'autres connaissances à acquérir, un « savoir-faire », en quelque sorte, multiforme, relevant de plusieurs domaines : celui de la mémoire comme nous l'avons vu, mais aussi du sensoriel et du relationnel. C'est cet ensemble de compétences acquises, incorporées et transmises que Chevallier nomme « savoir-faire » (Chevallier, 1991 : 3). Présent à tous les instants de l'activité technique, il est perceptible dans les aptitudes physiques de l'individu comme dans ses capacités à juger, prévoir et maîtriser un processus technique et les rapports sociaux qui lui sont associés.

Du « maître » aux réseaux de sociabilité

Ce savoir-faire s'acquiert sur le terrain, en partie seul mais aussi au contact des autres ; tantôt en groupe, tantôt dans une relation de proximité avec un botaniste déjà aguerri qui aura plaisir à transmettre ses connaissances. Nombreux (pour ne pas dire unanimes) sont ainsi ceux qui vivent ou ont vécu à leurs débuts ce moment de lien privilégié avec un botaniste expérimenté (parfois deux ou trois), généralement plus âgé, qui les a guidés sur le terrain et entraînés à l'observation *in situ*. De cette relation de type « maître à élève » naît aussi le sentiment, pour le débutant, d'être initié et introduit petit à petit dans la communauté des botanistes. Bénéficier de l'attention et de l'intérêt d'une personne reconnue en tant que botaniste confirmé est en soi un premier signe de reconnaissance de sa propre valeur ou de sa potentialité ; c'est aussi un encouragement à poursuivre.

> *Jean, il prospecte pas mal ; il aime partager ; il m'a appris plein de trucs cet été. On continue de faire des sorties. C'est des sorties mais il y a beaucoup de discussions. (...) On regarde des plantes, on se prend la tête dessus mais y'a les à-côtés aussi ; la discussion, c'est vachement important. Jean, il a une connaissance que moi j'ai pas et que... il m'apprend... oui c'est ça ; il me teste, il m'apprend des choses que je connais pas et la sortie d'après, il vérifie... Et comme ça on va de plus en plus loin. Il a une expérience, il a du recul aussi.*
>
> Nicolas

En réciproque, celui qui a su repérer et accompagner dans son apprentissage un jeune *« qui ira loin »*[68] *ou « qui a l'œil »*[69], non seulement tire de cette relation la satisfaction d'être utile, mais aussi celle d'être reconnu et valorisé en tant que « sachant ». Plus encore, peut naître de cette relation le sentiment de s'inscrire dans l'histoire séculaire de la discipline, par un ancrage dans cette longue lignée de précepteurs qui ont, depuis que la botanique existe, transmis leurs savoirs à des plus jeunes, mettant leurs espoirs dans cette « descendance » mue comme eux par la curiosité et la passion pour le monde végétal.

> *Moi je donne tout. (...) Quand t'as un peu d'expérience, tu peux transmettre. Nicolas, ça tombait bien, il était motivé et moi j'ai essayé de le pousser. (...) Au moins t'as l'impression de servir à quelque chose. Fallait l'aider... et je pense qu'il ira plus loin.*
>
> Jean

Le contact avec un botaniste plus expérimenté et déjà intégré aux réseaux de sociabilité naturalistes permet à celui qui débute d'entrer progressivement en relation avec d'autres personnes engagées dans la même pratique. Cette rencontre se fait généralement via une sortie collective de terrain ou toute autre réunion de groupe. L'interaction avec d'autres passionnés constitue une nouvelle étape majeure de l'itinéraire des botanistes. Elle donne la possibilité de progresser encore davantage, en permettant à tout moment d'évaluer son niveau de compétence dans cette pratique, de mesurer ses besoins et souhaits d'apprentissage ainsi que ses propres possibilités de transmission.

---

[68] Jean parlant de Nicolas.
[69] Sophie parlant du jeune Gaël.

J'ai rencontré Jean-Paul, et ça m'a branché tout de suite. (...) Donc j'ai revu Jean-Paul assez rapidement et puis là on a fait des sorties en solo, tous les deux. J'ai sympathisé avec lui et avec son épouse. Ma femme a sympathisé avec eux... et puis du coup, on a élargi le cercle, j'ai rencontré Georges, et puis voilà. Et après c'est parti (...). Et puis on visitait des beaux coins, quoi, c'est vrai. On a fait des balades, des fois, dans des coins qu'on n'aurait pas visités autrement.

Igor

Moi j'essaye de profiter des gens d'expérience, ça permet de progresser plus vite. Donc je pense que les contacts dans le domaine de la botanique, c'est important ; je sais que (...) y'a des botanistes qui travaillent tous seuls. Je sais pas trop comment ils font d'ailleurs ; moi j'aime bien discuter, échanger, comparer des planches d'herbier, ça m'apporte beaucoup.

Mathieu

Partout en France et dans le monde, des groupes de botanistes se sont créés depuis longtemps, mêlant professionnels et non professionnels, novices et experts, tous curieux du monde végétal, tous amateurs[70]. Ces collectifs foisonnent encore aujourd'hui, du petit cercle intime d'amis au réseau organisé, plus ou moins institutionnalisé ou « bazardeux »[71]. Structurés au niveau local, départemental régional ou national, ils permettent aux botanistes qui les fréquentent de nourrir et de partager leur passion tout en démultipliant la production de connaissances naturalistes.

---

[70] L'amateur n'est pas défini ici « comme un citoyen ordinaire doté de compétences naturalistes qu'il développe et met au service d'une cause publique hors cadre professionnel, le plus souvent au sein d'une association » [Dupré et Micoud, 2007, *in* Alphandery et Fortier, 2013 : 206], mais comme « celui ou celle qui manifeste un goût de prédilection pour quelque chose ou un type de choses (plus rarement de personnes) représentant une valeur » [Dictionnaire du Centre national de recherches textuelles et lexicales : http://www.cnrtl.fr/definition/ consulté le 3 mai 2014].

[71] En 2002, le président de l'association botanique nationale TelaBotanica déclarait animer un réseau coopératif fonctionnant selon un mode « bazar », en opposition avec le mode « cathédrale », qui caractérisait selon lui les réseaux animés par les institutions. L'aphorisme « la cathédrale et le bazar » a été inventé par Eric S. Raymond pour mettre en relief les différences fondamentales marquant les différents systèmes d'exploitation informatiques, opposant en particulier les systèmes dits « libres » (open source) d'où est issu Linux (le Bazar), et ceux – type Windows – adoptés par les entreprises (les Cathédrales).
Source : http://www.tela-botanica.org/client/projet/fichiers/CP/92/CP_463.pdf, page 9. Consulté le 4 mai 2014.

Tandis que les forums et les réseaux de botanistes connectés par le biais d'Internet, tels le réseau des « télébotanistes »[72], constituent des ensembles complexes réunissant un large panel de personnes[73] dont les attentes et l'engagement dans la botanique sont très variables, les groupes de botanistes ancrés sur un territoire local forment des entités plus concrètes, dont la spécificité de la relation tient à la pratique de la botanique sur le terrain. À Brest, à l'initiative d'un membre d'une association naturaliste, un « groupe bota » s'est ainsi constitué ; il réunit chaque semaine une vingtaine de personnes, étudiants, retraités, professionnels d'horizons variés qui se rassemblent le mercredi soir pour étudier les plantes, quels que soient le temps et la saison. En hiver, les réunions se font en salle et sont l'occasion d'étudier des planches d'herbier ou de parfaire ses connaissances sur des familles de plantes particulières. À la belle saison, le groupe se retrouve sur le terrain et herborise dans les différents milieux environnants.

> *J'aime bien aller faire [du terrain] comme ça tout seul, mais... j'aime bien faire partie... d'une entité... Dans le « groupe bota », les gens sont gentils. Tout simplement. Ils sont gentils, ils sont calmes, ils sont polis... Dans le milieu agricole, (...) c'est beaucoup plus dur.*
>
> Un agriculteur membre du « groupe bota ».

Souvent ce sont des événements ou des projets particuliers qui fédèrent les membres de ces groupes : un programme d'inventaire des plantes sauvages susceptible de déboucher sur un ouvrage collectif, une étude floristique d'un site « naturel » menacé par un quelconque projet d'aménagement ou encore le rituel des excursions annuelles ou des sorties hebdomadaires, permettant de découvrir en groupe divers hauts lieux de nature. Ces groupes sont l'un des moyens, pour toute personne qui en est membre, de créer des liens d'échange voire d'amitié, d'y apprendre, de progresser et de transmettre, et d'y faire reconnaître ses compétences et son « statut » de botaniste.

> *Au début, dès qu'il y avait une sortie bota, on se retrouvait. Et puis on retrouve toujours les mêmes dans un petit réseau... Moi j'avais envie vraiment de... d'y aller quoi ! C'était le désir d'apprendre. Et puis voilà : là, t'es à la fac et puis t'apprends plus rien... Moi je suis toujours dans cette démarche de vouloir apprendre. (...) Et puis encore plus après*

---

[72] C'est le nom que l'association Telabotanica donne aux membres de son réseau.
[73] Environ 24 000 francophones inscrits à ce réseau (chiffres donnés le 12 octobre 2014 sur http://www.tela-botanica.org)/

quand j'ai fait du terrain avec Jules et que tu vois encore plein de critères, des trucs que tu penses même pas (...). Maintenant, on anime un groupe bota Denis et moi (...). Et on a autour de 15 personnes à chaque sortie.

Elsa

La réussite du fonctionnement de ces réseaux tient à de nombreux éléments. Pour Jean-Michel Cornu[74], le principe de coopération nécessite de réunir trois conditions : réconcilier l'intérêt individuel et collectif (ce qui passe en particulier par la mise en place de mécanismes de contreparties et la multiplication des interactions entre les membres) ; multiplier les possibilités de participation sans qu'aucune ne soit critique (ce qui nécessite notamment de limiter les besoins de départ et de maximiser les opportunités) ; et enfin faciliter le passage à l'acte des membres du groupe, notamment grâce à la motivation par la reconnaissance, le plaisir et l'apprentissage. C'est sur la base de ces principes, notamment, que plusieurs associations et institutions botaniques mettent en place des dispositifs d'animation de réseaux d'amateurs. Ces « têtes de réseaux », en tant que système symbolique, système de valeurs, de normes et de représentations (Giust-Desprairies, 2009 : 132), jouent un rôle majeur dans le développement de la botanique. En structurant, organisant et dynamisant les échanges et les pratiques, elles constituent pour tous les passionnés de plantes sauvages des maillons essentiels de socialisation. Qu'on y travaille ou qu'on y adhère, qu'on y soit fidèle ou qu'on s'en détache, qu'on les soutienne ou qu'on les critique, ces structures fédératives créent du lien social et scientifique (Candegabe et Bodin, 2001 : 43). Dans la lignée des sociétés savantes du 19e siècle, elles « *rassemblent toutes les contradictions, tous les espoirs individuels et collectifs de ceux qui cherchent à participer au progrès des connaissances et à leur diffusion* » (Matagne, 1999 : 82).

Cependant, le rapport entre ces têtes de réseaux et leurs membres se présente comme un rapport de tensions entre un système normalisé attractif et un ensemble de réponses individuelles variées (Giust-Desprairies, 2009 : 132). Ainsi, l'engagement dans ces collectifs est polymorphe, chacun se représentant le groupe à sa façon, tantôt espace de création, tantôt d'aliénation. Car si chacun convient du fait que les échanges entre botanistes sont essentiels au progrès et au partage des

---

[74] Cornu J.-M., 2004 – La coopération, nouvelles approches. Version 1.2. du 24 décembre 2004. En ligne : http://www.cornu.eu.org/files/cooperation1_2.pdf

connaissances, d'aucuns font remarquer que l'engagement à connaître ne doit pas rimer pas avec allégeance au groupe. Le respect des singularités et d'une certaine liberté d'action est fondamental.

> *Les rencontres humaines, oui clairement, c'est hyper important. (...) Parce qu'on a les mêmes affinités donc on se retrouve forcément. Mais... euh... Réseau... ça me gène d'être affilié à ça (...) pour pas être... tac !... happé par le truc. Parce que c'est un réseau de botaniste ouais, mais je suis pas que botaniste, ma tête est aussi ailleurs. J'ai du mal à me mettre à fond dans un seul domaine. Je vais pas me retrouver qu'avec des personnes qui font ce que je fais. J'ai besoin de gens qui font complètement autre chose.*
>
> Nicolas

> *En début de saison, j'aime bien être à plusieurs. Parce que là, le temps que la machine elle se remette en route... le temps de relancer la bête (rires) ! À plusieurs, c'est bien parce que tu peux échanger, t'as des points de vue différents. T'en as qui vont te donner des petits trucs que t'as pas forcément et... c'est un moment d'échange sympa. Mais après, toute seule j'aime bien aussi, parce que je trouve que j'avance plus vite.*
>
> Elsa

Aujourd'hui, grâce à la multiplication des échanges, chacun peut affirmer son identité de botaniste comme il l'entend : plutôt en solitaire mais « connecté » aux autres par internet, ou dans une relation de proximité physique avec les membres d'un groupe constitué. La passion botanique n'échappe ainsi pas aux caractéristiques sociales des autres passions appartenant au régime de la connaissance : elle socialise et se socialise dans les réseaux d'influence, de partage ou de répulsion dont elle est l'instigatrice (Roux *et al.*, 2009 : 374).

Quelques outils et un corps

> *Au début, pour être botaniste, il fallait avoir une boîte verte. C'était long comme ça [environ 50 cm] (...) avec un petit couvercle qui se refermait. Avec une bandoulière. (...) On mettait en vrac dedans, comme ça, ça ne se desséchait pas. Ça se vendait à Paris ; on les commandait (...). Je revois des sessions de la société botanique de France où plusieurs avaient leurs boîtes vertes. (...) On se faisait remarquer avec ça !*
>
> Paul

Une instrumentation limitée

La technique est toujours présente dans les sciences et en particulier dans les sciences d'observation. Celles-ci n'ont en effet pu se développer qu'avec des instruments réalisés par d'habiles artisans sans lesquels le scientifique aurait été totalement démuni (Deforge *in* Chevallier (dir.) 1991 : 213). En botanique, les instruments nécessaires à l'identification des plantes sont néanmoins assez simples et globalement peu coûteux. En outre, même si les outils ont tendance à s'améliorer, à se diversifier et à se complexifier au fil du temps, en lien avec les progrès technologiques, ils évoluent finalement assez peu. Pour le terrain, la base de la panoplie reste la même : une loupe de poche qu'aujourd'hui on suspend autour du cou ; de quoi noter (un carnet, un cahier ou une liasse de feuilles, ainsi qu'un crayon à papier permettant d'écrire même en cas de pluie) ; une réglette graduée en aluminium utile pour la mesure de certains organes végétaux ; un petit transplantoir ou un couteau désherbeur pour déterrer les plantes dont il faudra examiner l'appareil souterrain ; des guides ou des flores pour vérifier les critères d'identification ; de quoi collecter les échantillons se laissant mal désigner *in situ* (la boîte à herbes en métal d'autrefois est aujourd'hui remplacée par des sacs en plastique) ; des cartes topographiques pour se repérer sur le terrain et, de plus en plus, des GPS qui permettront de pointer l'emplacement d'une éventuelle trouvaille intéressante ; ainsi qu'un appareil photographique, si possible avec une bonne fonction « macro ».

En outre, les botanistes inscrivant leur travail dans la perspective d'une étude de géographie floristique complètent parfois leur boîte à outils par un dictaphone leur permettant d'enregistrer leurs découvertes. Le plus souvent, ils utilisent des listings codés d'inventaire, pour aller plus vite et cocher les plantes observées sur le terrain. Ces listings, qu'ils soient sur un support papier ou incorporés à une tablette numérique ou à un téléphone dit « intelligent » feront plus tard l'objet de vérification et seront intégrés à des bases de données, comparés, corrélés statistiquement, traduits cartographiquement.

À ces outils d'extérieur, s'ajoutent ceux – mi-scientifiques, mi-domestiques – qui restent au bureau si on est professionnel ou à la maison si on ne l'est pas : l'ordinateur servant à rentrer ses données et à *« préparer ses prospections »* (Philippe) et qui, grâce au précieux Internet « *permet de vérifier* » la cohérence et la plausibilité de ses découvertes (Elsa) ; les livres de jardinage pour l'aide à l'identification des plantes ornementales absentes des flores usuelles (Joseph, Robert) ; les flores en anglais (Robert, Philippe,...) et « *les documents des anciens : super important !* » (Mathieu) pour savoir si une découverte inhabituelle est une nouveauté ou non ; et la loupe binoculaire, alliée indispensable du botaniste chevronné, grâce à laquelle les plantes se laissant mal identifier sur le terrain pourront ultérieurement être examinées en détail et déterminées tranquillement : « *la bino c'est bien : on voit bien, on est bien installé, on est au chaud* » (Nicolas). Pour faire patienter plus longtemps certains échantillons en attente de détermination, plusieurs ont recours à des bocaux remplis d'eau. Le réfrigérateur familial est également utilisé par presque tous pour stocker (si possible pas trop longtemps, c'est préférable pour les plantes et la paix des ménages !) les sachets en plastique remplis de « foin » à identifier :

> *Oui, bien sûr je ramasse... Je prends une photo avant, des fois que ça se dessèche et que j'oublie au fond du frigo mais je prends des photos pour avoir l'état frais et voir le port de la plante... Et puis même des fois, quand je sais pas, j'ai la photo... Je l'envoie à Jules... Voilà. J'ai essayé différentes techniques pour le terrain, [le sac plastique], là en ce moment, j'essaye le sac de congélation à zip, c'est pas mal... ça permet de garder la fraîcheur. Au début, j'avais essayé de mettre dans du journal... et j'ai des échantillons qui ont mal séché.*
>
> Elsa

Mais quels que soient les outils utilisés, qu'on soit adepte du carnet à spirale ou de la dernière application pour téléphone protable, qu'on aime herboriser sobrement ou bardé d'outils d'observation et de détermination, c'est le corps qui reste le principal et « *le plus naturel instrument* » (Mauss 1936 : 372) des botanistes.

Un corps en action

> *Je pense pas qu'on peut faire de la botanique seulement en laboratoire. Le terrain, ce qu'on appelle le terrain, ça fait vraiment partie du métier de botaniste. (...) C'est une part que je peux pas couper (...). Le taxonomiste, on peut lui rapporter des échantillons, il a pas besoin d'aller voir le terrain (...). Mais les botanistes, moi je les imagine comme les anciens botanistes, qui allaient même en vélo autrefois. C'était vraiment... c'était très complet, c'était des gens, même physiquement, fallait le faire ce qu'ils faisaient : tout traverser en vélo, récolter leurs échantillons, après correspondre avec les autres botanistes... ; ça c'est plus ma vraie vision du botaniste.*
>
> Mathieu

Presque comme Fontenelle qui, 300 ans plus tôt, considérait que « *la botanique n'est pas une science sédentaire et paresseuse qui se puisse acquérir dans le repos et l'ombre d'un cabinet* »[75], Mathieu suggère que le botaniste est un individu engagé dans tout son être : physiquement, affectivement, matériellement, intellectuellement, généalogiquement même. Il est vrai que la botanique de terrain est une activité éminemment corporelle. Le corps est utilisé aussi bien pour se mouvoir dans l'espace que pour repérer les stations botaniques – les « flairer » – ou pour identifier et mémoriser les plantes. Le corps du botaniste se déplace, bouge, ressent, retient, sent, pressent, bref, il travaille en permanence.

Instantané, avril 2013 :

Jim et Yannick sont agenouillés au bord de la route, devant un muret retenant une banquette d'herbe supplantée peu à peu par les ajoncs. Jim interpelle Yannick sur l'un des nombreux lichens se développant sur le mur et ils discutent. Tout se passe très vite : les changements de postures, la gestuelle, les paroles et regards échangés. Une sorte d'effervescence se manifeste : l'un des lichens n'est pas habituel. Jim penche son buste sur la pierre où l'être inconnu s'est incrusté, à 20 cm au-dessus du sol. Genoux au sol, postérieur décollé des talons, il colle son œil à sa loupe, sa loupe au lichen. Puis, très vite, il se rassoit sur ses pieds, redressant simultanément le torse, se tourne vers Yannick, lui dit ce qu'il voit, la forme et la couleur des apothécies, des feuilles. Il emploie un vocabulaire technique très opaque pour le non-spécialiste. Mais Yannick comprend tout ; posté aux côtés de Jim, à moins d'un mètre de lui, il vérifie ce que lui dit son camarade, sur un autre lichen du même type. La posture « tête au sol - à genoux - fesses en l'air » se répète, plusieurs fois, et entre deux, les naturalistes se regardent, sérieux, suggèrent des noms, confrontent leurs avis, revérifient, tempèrent, confirment, s'accordent. Le lichen est nommé. Jim et Yannick vont voir ailleurs, satisfaits.

Le corps du botaniste est mis à l'épreuve à bien des égards, au plan musculaire comme au plan sensoriel. La condition physique est, tout d'abord, une qualité largement valorisée dans les discours et les écrits de nos passionnés. Il est vrai que de bonnes jambes et un bons sens de l'équilibre sont nécessaires à une pratique active (sportive pourrait-on dire)

[75] Le Bouyer de Fontenelle B., 1708 - *Éloge à Joseph Pitton de Tournefort*. Paris : Académie des sciences.

du terrain : pour se déplacer, franchir, sauter, se courber, s'accroupir, se relever. Ainsi, certains passionnés disent admirer les « botanistes complets » (Guy) et les « personnages » qui s'illustrent par une capacité à pratiquer une botanique tout-terrain (Philippe), n'ayant pas peur des imprévus et capables de fréquenter différents types de milieux et dans différentes conditions ; parce qu'il faut souvent en passer par là, c'est vrai, pour réussir à trouver de nouvelles espèces ou de nouvelles stations botaniques, mais aussi, parce que ces récits sont probablement l'un des moyens de « prouver » sa compétence, son courage et sa passion :

> *C'était en plein hiver, y'avait à peu près 50 à 60 cm, de neige... Bon j'avais fait un peu d'alpinisme, (...) j'me suis dit bon... j'vais essayer d'aller voir au sommet... de la montagne des ours... parce qu'on y signalait autrefois une petite plante. Donc j'me suis dit en hiver, j'devrais la voir. Bon effectivement j'l'ai vue, c'était un lycopode. Très bien. Et puis arrivé en haut, sur le ravin que je venais de grimper, c'était quand même très en pente, je me suis dit j'vais passer de l'autre côté, qu'était quand même beaucoup moins en pente. Et puis j'arrive sur un ravin, plus bas, la neige avait pratiquement disparu et donc c'était facile de circuler. J'arrive dans un ravin très étroit, je m'engage là-dedans, je lève le nez, parce que je regardais surtout par terre pour pas tomber, y'avait des hyménophylles* [expression ravie]... *j'lève le nez un peu plus : je vois les petites soldanelles basques* [claquement de langue]... *je m'dis : il doit y avoir du Trichomanes quelque part. Alors je continue... et puis... des parois entières ! Couvertes de Trichomanes !*
>
> Guy

Cependant, à moins d'être en attente d'une reconnaissance particulière auprès de botanistes confirmés, il n'est pas nécessaire, quand on est botaniste amateur, de chercher à justifier de ses capacités d'endurance et de résistance aux aléas du terrain. Il est en effet parfaitement admis que dans le cadre d'une pratique volontaire de loisir chacun puisse exercer sa passion comme il l'entend, de manière douce et tranquille ou de façon plus aventurière et sportive. Les forces des uns et les faiblesses des autres sont reconnues et une certaine tolérance se manifeste envers ceux qui, de par leur constitution physique ou leur âge ne peuvent briller par leurs performances sportives. Avec l'âge par exemple, les botanistes simplifient leurs parcours et se cantonnent aux terrains plus sûrs. Les plus jeunes en tiennent souvent compte dans les sorties partagées avec des anciens. Ainsi, malgré la différence de condition physique, Elsa (27 ans) aime partager des moments de terrain avec « des papis », en dépit des « contraintes » que ces derniers lui imposent :

[Faire du terrain] toute seule j'aime bien, parce que je trouve que (...) j'avance à mon rythme, plus vite... Si je veux, je mange en 10 minutes le midi et je repars... J'ai pas de contraintes... Tu peux faire des grandes journées (...). Tu vas à ton allure (...). Quand t'es, des fois, avec des personnes par exemple des papis, tu vois un endroit sympa et tu vois que lui, il va pas trop pouvoir y aller mais toi t'as envie quand même d'y aller... ça m'est arrivé : je lui fais « soit tu viens, soit tu m'attends là ». Mais généralement, ils me suivent hein ! (...)

La botanique est ainsi une discipline qui, en tant que loisir, rassemble une très grande diversité de personnes, de tous âges, de toutes conditions physiques et de tous sexes. En revanche, et j'y reviendrai plus loin, la situation semble différente dans le domaine de la botanique professionnelle où les aptitudes physiques semblent constituer, même si ce n'est pas toujours explicite, un critère de qualification.

Mais les fonctions musculaires ne sont pas les seules à être mises à l'épreuve dans la pratique de la botanique de terrain. La mobilisation des sens joue également un grand rôle dans l'acquisition du savoir et du savoir-faire du passionné de plantes. Le « flair » du botaniste ne s'hérite pas ; il est le fruit d'une éducation sensorielle, d'un apprentissage qui se joue sur le terrain, seul ou au contact de ses pairs.

De tous les sens mis en action dans la passion botanique, *la vue* joue le rôle clé. Elle constitue le principal vecteur de la connaissance botanique. À la différence des promeneurs qui flânent, les botanistes exercent sur la nature un regard attentif, constamment à l'affut, un regard n'ayant de cesse que de vouloir repérer, voir, discerner et distinguer : repérer (sur la carte, puis sur le terrain) le chemin à parcourir et l'endroit où aller fouiner davantage ; voir une variation dans le paysage ou un habitat singulier qui indiquera un lieu propice au développement de plantes particulières ; discerner dans ce lieu les espèces banales des autres et distinguer les détails morphologiques qui permettront de leur donner un nom, de faire connaissance avec elles ou de les re-connaître.

Poussés par cette envie de voir et de savoir ce qui les entoure, les botanistes comme tous les naturalistes, une fois dehors, ne peuvent « s'empêcher de regarder ». Lors des balades en famille ou entre amis, il arrive qu'ils agacent leur entourage, traînant souvent à l'arrière, se penchant sans cesse, récoltant parfois pour observer mieux et plus finement plus tard. Les flores tentent (ou donnent l'illusion) de décrire les plantes exactement telles qu'elles sont. Elles invitent à regarder au plus près, à détailler, à la limite de ce que l'œil humain est capable de percevoir. Et quand l'œil nu ne peut plus voir, les loupes prennent le relais, permettant d'ouvrir de nouvelles portes, de tracer un nouveau chemin dans l'univers du visible, et de satisfaire davantage cette soif de connaissance, cette curiosité et cette envie de comprendre le monde des plantes.

> *Regarder à la bino, ça j'adore ; dépouiller des petits trucs minutieux, ça j'aime bien... Et puis après une fois que tu t'y mets... Ce que j'adore, c'est de voir tout ce qui se voit pas à l'œil nu, c'est de pouvoir le voir et de se dire "tiens ben cette espèce-là, elle a des poils dans ce sens-là, et l'autre, c'est dans l'autre sens", ou "elle, elle a des glandes et pas l'autre et ...". Tout ce que tu vois pas là à l'œil nu, finalement, avec la bino, c'est ça qui fait la différence des espèces. Ça, je trouve ça super. Voilà, c'est chouette, la nature est bien faite !*
>
> Elsa

« À côtoyer, à voir et à lire le fantastique de l'autre, on le rend dans un premier temps visible, puis accessible et très vite on le banalise. (...) L'incroyable et nouvelle richesse du visible : tout est à voir et tout peut être vu. » (Dibie P., 1998 : 27).

Les autres sens s'avèrent être moins fortement mobilisés que la vue dans un but de reconnaissance des plantes. Cependant, *le toucher* se révèle un allié sensoriel majeur des botanistes : comme point de contact avec les plantes : pour les montrer, les toucher, les effleurer, les attraper, les prendre, les rapprocher, les cueillir, les déraciner, les décortiquer... De nombreuses plantes se déterminent grâce à des particularités reconnaissables par le toucher ; certaines sont douces, soyeuses, piquantes, rugueuses, lisses, collantes... Une pression exercée de bas en haut sur la tige de certains joncs permettra d'en reconnaitre les diverses espèces dites « articulées », le toucher rugueux des feuilles de fougères sylvatiques permettra de suspecter la présence du rare Dryoptéris à odeur de foin. Dans *Une ascension au mont Ventoux,* Pierre-Henri Fabre (*op. cit.* : 43) raconte (probablement en forçant un peu le trait) comment lui et un groupe d'amis botanistes ont utilisé comme fil d'Ariane l'ortie, plante étroitement liée aux sols enrichis par les activités humaines et leur indiquant ainsi le chemin pour retourner au village, alors qu'ils s'étaient perdus dans un brouillard épais en montagne, à la tombée de la nuit :

> *Comment, au sein de ces ténèbres, retrouver le Jas, enfouis dans l'épaisseur du bois ? Deux plantes, assidue végétation des points hantés par l'homme, le Chénopode Bon-Henri et l'Ortie dioïque, me servent de fil conducteur (...). De ma main libre, je fauche dans l'air tout en cheminant. À chaque piqûre ressentie, c'est une ortie, c'est un jalon. Verlot, à l'arrière-garde, s'escrime aussi de son mieux à suppléer la vue par la cuisante piqûre. (...) et peu après, de touffe d'ortie en touffe d'ortie, la bande arrive au Jas.*

Certaines plantes présentent en outre des caractéristiques aromatiques très particulières qui peuvent aider les botanistes dans leur travail d'identification. Ainsi, grâce à l'odeur qui émane du froissement de ses feuilles, l'Iris fétide se repère immédiatement, même sans ses fleurs ; les feuilles de la Renouée poivre-d'eau se caractérisent quant à elles par un goût épicé très net qui permettra d'éviter toute confusion avec d'autres *Polygonum.* Bien d'autres exemples pourraient être donnés. Cependant, même si *le goût et l'odorat* sont peu utilisés pour la détermination des différentes espèces de plantes, ces sens jouent néanmoins un rôle majeur dans la sensation de plaisir qui peut naître sur le terrain : odeurs fortes de noix de coco des ajoncs en fleurs chauffés par le soleil, senteurs de curry issues de l'Immortelle des dunes et autres effluves s'élevant des tapis d'Ail des ours... les « charmes » de la botanique résident aussi dans le fait de sentir ou de goûter les parfums émis par les plantes.

Un mot de *l'ouïe* pour finir : elle aussi est mobilisée par les botanistes, mais de manière passive, plus inconsciente. En tant qu'indicateurs de naturalité, les bruits de la nature (et en creux, l'absence des bruits de la ville) entrent très clairement dans les critères d'évaluation et d'appréciation des milieux prospectés par les botanistes, recherchant la plupart du temps calme et tranquillité, préférant évoluer dans des espaces où les sons de la nature dominent ceux de la cité :

> *Je regarde (...) des fois (...) ce qu'il y a dans des zones désaffectées, en périphérie de la ville mais c'est pas là que spontanément j'irais faire des inventaires. (...) Je m'évade pas beaucoup dans ces endroits-là... C'est des endroits bruyants, stressants... Je me sentirais pas super à l'aise même pour (...) m'installer, déterminer les plantes. Je le ferais pas. Ou alors j'emmènerais la plante chez moi pour la déterminer mais c'est pas trop l'idée.*
>
> Nicolas

En mettant en jeu le corps et ses sens mais aussi des techniques et des savoirs qu'il faut mémoriser et réinvestir en permanence, la passion pour la botanique nécessite un investissement personnel important. Mais si « faire » de la botanique est possible en solitaire, « être » botaniste nécessite toujours un contact avec les autres : le « faire » et le « être » s'acquièrent dans un va-et-vient constant entre une pratique du terrain, la lecture de manuels et d'articles et l'entrée en relation avec d'autres passionnés de végétal. La passion se cultive, elle s'entretient, elle se nourrit de la confrontation aux autres. C'est ainsi que cette science revêt aussi, à certains égards, les allures d'un jeu.

La botanique, entre jeu et science

Un jeu, pour Roger Caillois (Caillois R., 1967), est une activité qui présente un certain nombre de caractéristiques : liberté (de jouer), convention (règles du jeu particulières, qui seules comptent), incertitude (tout n'est pas fixé à l'avance ; le joueur a une certaine latitude dans la manière de conduire le jeu), suspension du réel (conscience d'une certaine irréalité par rapport à la vie courante), espace et temps limité (activité circonscrite dans des limites d'espace et de temps précises et fixées à l'avance). Tous ces ingrédients se retrouvent dans la passion botanique, comme on peut l'entrevoir dans ce court extrait des *Rêveries* :

J'entrepris de décrire toutes les plantes de l'île sans en omettre une seule, (...). En conséquence de ce beau projet, tous les matins après le déjeuner (...), j'allais une loupe à la main et mon Systema naturae *sous le bras visiter un canton de l'île, que j'avais pour cet effet divisée en petits carrés dans l'intention de les parcourir l'un après l'autre en chaque saison. (...) Au bout de deux ou trois heures je m'en revenais chargé d'une ample moisson, provision d'amusement pour l'après-dinée au logis, en cas de pluie.*

Jean-Jacques Rousseau[76]

Ce défi de l'inventaire botanique que Rousseau s'était lancé (sans que personne ne l'y ait contraint), et que bien d'autres encore aujourd'hui, dans d'autres endroits, se proposent de relever, présente en effet un caractère ludique évident si l'on s'en réfère aux critères de Caillois : le botaniste choisit librement[77] l'endroit et le moment propices aux inventaires ; cet inventaire, il le conduira dans un lieu donné et en un temps donné ; pour le mener à bien, il dispose de règles parfaitement bien établies (des règles « scientifiques ») lui permettant de désigner et de nommer les plantes qu'il rencontrera ; son inventaire comportera nécessairement une part de risque et de surprise, les milieux naturels réservant toujours des imprévus auxquels il faut s'adapter ; enfin, en prospectant dans des lieux « naturels » régis par d'autres lois que celles prévalant dans la vie courante, il aura immanquablement le sentiment d'être « ailleurs », dans un autre espace temps.

Alors, en se rapportant à la classification de Caillois, de quel type de jeu s'agirait-il ? D'un jeu de compétition (*agôn*) teinté d'*aléa* (de hasard) ? Avant d'apporter quelques éléments de réponse, voyons un peu comment le jeu se manifeste.

---

[76] Rousseau J.-J., [1776-1778] 2012 (*op. cit.* : 97).

[77] À la source du jeu réside une liberté première, besoin de détente et tout ensemble distraction et fantaisie (Caillois, 1967 : 75). Cette composante du jeu est toujours présente chez quiconque décide par lui-même de jouer. On pourra remarquer cependant que les botanistes professionnels, parfois, n'ont pas toujours la liberté de choisir leurs zones de prospection, celles-ci étant souvent désignées par un « commanditaire », ni le rythme de ces prospections, étant souvent pressés par le temps. La dimension ludique de l'inventaire de terrain est alors fortement corrompue.

Les herbiers, plus qu'un objet de collection

Parmi les instruments les plus célèbres de la botanique, figurent les herbiers. On attribue à l'italien Luca Ghini la confection vers 1523 du premier *Hortus siccus* ou « *jardin sec* » (Morat *et al.,* 2004 : 8). Le plus ancien herbier connu en France a été constitué en 1558 par un jeune étudiant en médecine, Jehan Girault. Conservé au Muséum national d'histoire naturelle de Paris, il rassemble environ 300 spécimens de plantes, cousus et parfois collés sur des feuillets d'épais papier blanc. Selon Gérard-Guy Aymonin[78], ancien Professeur et responsable des herbiers du Muséum, cet herbier est entré dans les collections parisiennes en 1857 et reste en parfait état car « *les caractères morphologiques des végétaux sont presque toujours reconnaissables et certaines plantes ont conservé leurs couleurs* » (*in* Morat *et al.,* 2004 : 12).

Les herbiers historiques sont des documents d'archive très intéressants : ils témoignent de la présence plus ou moins ancienne d'espèces dans des endroits qui sont en règle générale précisés sur les étiquettes des planches[79]. Leur consultation est un travail essentiel pour tous ceux qui s'engagent ou qui, comme Léon, se sont engagés dans l'analyse de la flore d'un territoire donné et de ses évolutions :

> *J'ai quand même passé quatre hivers dans les sous-sols de la fac, à fouiller tous les herbiers (...) T'as des petits herbiers, là c'était intéressant. Parce que là, t'as la date, t'as le lieu-dit, c'est beaucoup plus précis, et là c'est intéressant. J'y venais vers 20 heures en général. Y'avait un gardien, il me laissait la clé (...) je revenais chez moi vers 1 h du matin... J'en ai passé des heures... y'avait beaucoup de choses à fouiller... je notais tout, je mettais tout sur fichier Excel... Ça m'a permis de montrer que telle espèce qui était signalée dans la flore de Lloyd [1897], elle avait été revue après en telle année dans telle flore par un tel, et ainsi de suite ; jusqu'à la fin. D'ailleurs des fois, à la fin, c'est disparu.*

Quelle que soit l'époque à laquelle il appartient, le botaniste qui tient entre ses mains ce type d'herbier ayant « traversé le temps » en ressentira forcément un émoi et un intérêt singuliers. Tel a dû être le cas d'Antoine de

---

[78] Gérard-Guy Aymonin (juin 1934 –6 mai 2014).

[79] Une « planche d'herbier » est une feuille sur laquelle est fixé un échantillon de plante séchée et où sont mentionnées un certain nombre d'indications : nom de la plante, date de récolte, notamment.

Jussieu[80] lorsqu'il reçut en 1721 d'un certain M. Boissier de Lyon cet herbier de Jehan Girault, plus de 150 ans après sa confection. Boissier lui-même était tout à fait conscient de la valeur sentimentale et patrimoniale de cet objet unique, et de l'enthousiasme qu'il provoquerait en le confiant à la plus grande institution botanique de France :

> *Voilà, Monsieur, un bouquet que je vous prie d'accepter, quoi que ce ne soit pas de fleurs. Il a son mérite par les feuilles et les herbes conservées depuis si longtemps.*
>
> M. Boissier, 1721[81]

Les herbiers historiques restent encore aujourd'hui, pour tous les botanistes, une source importante d'émotions ; y compris (et peut-être davantage encore) pour ceux qui les connaissent le mieux. Gérard-Guy Aymonin était de ceux-là : entré en 1957 au Muséum, l'ancien professeur a, près de cinquante années durant, côtoyé et manipulé presque quotidiennement les planches de ces monuments d'histoire humaine et scientifique. Même après tout ce temps passé à les feuilleter, analyser et interpréter, son plaisir ne s'est jamais émoussé[82]. Il parlait d'herbiers « pleins de surprises », de planches « très drôles », d'autres « extrêmement intéressantes » et ne cachait pas son respect vis-à-vis de ces générations de botanistes ayant pris soin de constituer minutieusement ces recueils de plantes sèches ; respect, mais aussi reconnaissance et admiration pour ceux qui ont pris la peine de rassembler de leur vivant les traces d'un monde végétal passé, et peut-être même d'un monde tout court :

> *Alors ça, c'est une planche du voyage de Bougainville[83] ! Récoltée par Commerson[84], son écriture est ici. C'est Commerson qui a écrit ; ici quelqu'un a rajouté quelque chose, on ne sait pas qui. Et ici c'est une écriture d'un des Jussieu[85]. Monté sur un type de papier très très rare, (...) il existe un échantillon dans l'herbier Jussieu. Tout l'herbier*

---

[80] Antoine de Jussieu (1686 – 1758), médecin et botaniste au jardin du roi (le jardin du roi est devenu plus tard le jardin des plantes, siège du Muséum national d'histoire naturelle).

[81] Cité par Morat *et al.*, 2004 : 12

[82] Gérard-Guy Aymonin est une figure de la botanique française et de la protection de la nature. Il m'a reçue au Muséum en février 2013, pour un entretien et une visite des herbiers du Muséum. Il est décédé le 6 mai 2014.

[83] Louis-Antoine de Bougainville (1729 – 1811), officier de marine et grand navigateur qui entreprit une expédition autour du monde entre 1766 et 1769.

[84] Philibert Commerson (1727 – 1773), médecin et botaniste, membre de l'expédition de Bougainville.

[85] Pour en savoir plus sur la généalogie de la famille de Jussieu dont de nombreux membres sont d'importants botanistes, voir par exemple : wikipedia.org/wiki/Famille_de_Jussieu.

Forster[86] *du voyage de Cook est monté sur ce papier. Et voilà le dessin [de cette plante] de Lamarck*[87]*... Vous vous rendez compte ? Fait par Lamarck ! Et là, la gravure qui est parue dans la publication en 1792, il n'y avait pas beaucoup de publications à l'époque... redessinée par Redouté* [88]*!!! Vous vous rendez compte ce qu'on peut voir dans les herbiers ! C'est ce qu'on peut voir dans les herbiers (...) : le voyage de Bougainville, le botaniste Commerson, l'étude par Jean-Baptiste Lamarck, la publication par Lamarck !* [89]

Si les herbiers constituent de précieux outils scientifiques pour l'étude des végétaux, leur fonction symbolique est majeure : outre le fait qu'ils semblent apporter la preuve de la passion et de l'érudition, ils matérialisent une sorte de continuité, à la fois temporelle et spatiale, entre les botanistes du monde entier. Ils font œuvre de lien généalogique entre les botanistes des siècles passés et ceux d'aujourd'hui ; au travers des mentions figurant sur les étiquettes, des plantes récoltées et des techniques de conservation, ils parlent du temps qui passe, de ses changements et de ses invariants ; ils parlent aussi d'espace et de voyages aux quatre coins du monde. Les herbiers font rêver et, comme d'autres collections (Bromberger *in* Bromberger, 1998 : 29), condensent des souvenirs et sont support de narration. Voilà ainsi l'histoire que raconte la magnifique planche du Pavot de Californie (*Escholtzia californica*) de l'herbier Mercurin[90], par l'entremise de Gérard-Guy Aymonin[91] :

Cette plante a une histoire extraordinaire ! Elle s'appelle Escholtzia californica. Vous voyez qu'elle est signée Cham., c'est à dire (...) Chamisso. Et donc ce Chamisso (...) a fait partie d'une extraordinaire expédition maritime (...) qui voulait déjà (on est au début du 19e *siècle) forcer la passe du nord en Sibérie... alors que c'était complètement gelé. Donc ils ont commencé à remonter au-delà de la Laponie,*

---

[86] Georg Forster (1754 – 1794), naturaliste et ethnologue allemand qui participa entre 1772 et 1775 à la deuxième expédition du voyage du navigateur et cartographe anglais James Cook (1728 – 1779) dans l'hémisphère sud.

[87] Jean-Baptiste de Lamarck (1744 – 1829), naturaliste et théoricien de la nature ; l'un des fondateur du concept de biologie.

[88] Pierre-Joseph Redouté (1759 – 1840), aquarelliste belge, attaché au cabinet de la reine Marie-Antoinette et à l'académie des sciences.

[89] Entretien réalisé à Paris, février 2013.

[90] Léon Mercurin (1898 – 1994) est un botaniste amateur ayant constitué « l'un des plus beaux herbiers du 20e siècle » (Morat *et al,*. 2004 : 216) ; son herbier, réalisé par des techniques ayant permis une remarquable conservation des couleurs des fleurs, est réparti entre le Muséum national d'histoire naturelle et le Muséum d'histoire naturelle de Toulon et du Var.

[91] Entretien réalisé à Paris, février 2013.

Mourmansk, le grand nord, ils n'ont pas pu passer évidemment. Donc ils sont partis par l'ouest, descendu toute la côte d'Afrique, le Cap, remonté le long des côtes du Mozambique, de l'Inde, arrivés jusqu'au Kamtschatka parce qu'ils ont voulu essayer de la forcer dans l'autre sens. Erreur ! (...) Contre mauvaise fortune, faut être courageux ; donc ils sont repartis le long de la côte de l'Amérique en partant donc du Kamtschatka, passer l'Alaska, descendre par la Californie. Et quand ils sont passés par la Califormie, ils ont découvert cette plante, qui était inconnue. Chamisso l'a dédiée au patron scientifique de l'expédition, Escholtz. Et donc ils ont continué leur voyage, passer le Cap Horn, jusqu'à Saint-Pétersbourg...

Au départ, les herbiers avaient pour rôle essentiel d'accompagner l'enseignement et l'identification des plantes. Leur vocation était d'être diffusés à la manière d'une publication, pour transmettre et partager la connaissance botanique (Drechsler *et al.*, *in* Pierrel et Reduron, 2004 : 301). Ainsi, aux 18e et 19e siècles, une pratique très répandue consistait à établir des centuries, c'est-à-dire des séries numérotées de planches contenant 100 spécimens séchés d'espèces différentes (*op. cit.*). Les plantes étaient récoltées, non seulement par le botaniste à l'initiative de la collection, mais aussi par de très nombreux correspondants qui, en échange de récoltes, pouvaient obtenir un exemplaire de la centurie constituée. On pouvait se procurer les espèces souhaitées moyennant finance, par souscription ou cotisation auprès de sociétés d'échanges spécialisées dans la collecte et la distribution de plantes séchées (*op. cit.*). Les excursions botaniques étaient aussi l'occasion de récolter des plantes. Les comptes rendus de ces excursions relatent abondamment ces cueillettes prenant souvent des allures de razzia, motivées par le culte de la collection et probablement réalisées dans l'ignorance (ou le déni) des impacts possibles de ces prélèvements de masse sur les plantes et sur leurs populations.

Ainsi aujourd'hui, les herbiers n'ont plus toujours aussi bonne presse qu'autrefois, notamment auprès des botanistes engagés dans la protection de la nature. Ils constatent souvent avec amertume que bon nombre de leurs prédécesseurs ont contribué au « pillage » de stations de plantes rares. Dans son article *L'herbier outil de la connaissance ou de la destruction des espèces* (*in* Pierrel et Reduron, 2004 : 285), Luc Garraud, botaniste du Conservatoire botanique national alpin écrit à ce propos :

En plus de la flore commune, un engouement particulier pour les plantes inédites, et le plus souvent rarissimes et très localisées a fait développer une véritable manie de la récolte, psychose du collectionneur jamais rassasié, sans aucun souci de la vulnérabilité des plantes. Cette appropriation excessive a occasionné de nombreux abus de cueillette, la sacralisation de l'espèce rare et nouvelle, le mystère des stations très localisées gardées secrètes, divulguées au compte-gouttes uniquement aux bons botanistes qui récoltent avec le même engouement que les soi-disant « mauvais ». La consultation des herbiers anciens nous montre que beaucoup d'espèces rares sont plus communes en herbier que dans la nature.

Ces pratiques anciennes de la collection naturaliste ont fait également dire à Candegabe et Bodin, à propos de leurs recherches sur l'histoire de la botanique dans le Berry (Candegabe et Bodin, 2001 : 46) que « *les motivations de ces nombreux botanistes amateurs ne seraient en définitive pas très différentes de celles qui animent n'importent quel autre collectionneur, à cette différence près que la collection de plantes séchées a le mérite d'être moins triviale et socialement plus valorisée que, par exemple, une collection d'étiquettes de camemberts. Elle mobilise en effet des connaissances plus élaborées et permet de se donner l'impression de participer au mouvement du progrès et de la science* ». Désormais, la constitution d'herbiers de plantes sèches ne semble plus être la priorité des botanistes du 21e siècle, au moins pas de ceux qui se disent « de terrain ».

Mon herbier ? Je l'ai ici, il est dans la pièce à côté, là – les premières plantes, ça date de 1963 ou 64 par là... Je l'ai mis en forme surtout quand j'étais étudiant. Depuis je continue encore à collectionner, mais alors, pfuit ! ça s'entasse dans des cartons... Faut avoir le temps. Ça demande énormément de temps pour classer tout ça !

Georges

Si aujourd'hui la constitution d'une collection « classique » n'est plus un objectif en soi pour la plupart des naturalistes, cette pratique n'a cependant pas disparu de leur activité. Pour les institutions botaniques, elle vise à constituer une « référence », un outil que l'on utilisera comme point de repère, en cas de doute notamment. Pour les individus passionnés de botanique, l'herbier s'inscrit dans un processus d'apprentissage : il est un moyen de conserver la trace d'individus de plantes dont l'identification est délicate et est un support d'échange de points de vue avec d'autres botanistes. Petit à petit, les collections de photographies, moins destructrices et se prêtant facilement aux techniques modernes de communication, prennent le pas sur la collection de plantes sèches. On parle d'ailleurs aujourd'hui « d'herbiers photographiques ». Ceux-ci sont considérés, chez les botanistes, non seulement comme une solution technique alternative aux prélèvements en nature, mais comme une solution vertueuse :

> *Dans un herbier, une belle planche photographique, remplaçant un spécimen rarissime, devrait être un objet de fierté et le signe du respect de la nature. L'herbier classique doit donc rester un outil de travail réservé à des analyses précises. (...) Connaître et comprendre la nature, ce n'est en aucun cas la réduire ou la détruire.*
>
> Garraud, *in* Pierrel et Reduron, 2004 : 288.

Qu'elles soient produites dans un but de connaissance ou pour le plaisir de la compilation, qu'elles soient encadrées par un programme scientifique ou réalisées à titre de passe-temps, qu'elles concernent des plantes sèches ou des photographies, ces collections visent toutes à archiver les découvertes faites sur le terrain. Elles sont le prolongement et le complément à une autre activité, tout aussi ludique, qui se joue sur le terrain : l'identification des plantes et leur dénomination.

Le plaisir de la désignation

Lorsqu'il est en quête du nom d'une plante qu'il ne connaît pas, le botaniste a recours, nous l'avons vu, aux clés de détermination. Il les utilise à la manière d'un jeu de piste dans lequel lui sont proposées des indications qui lui permettront de relever sur la plante tous les détails nécessaires à la résolution de l'énigme de l'identité de la plante. Si l'énigme est trop difficile à résoudre, si certains critères « ne marchent pas », il faudra manipuler simultanément plusieurs clés, les comparer, décider. C'est de ce savoir et de ce savoir-faire que dépend *in fine* une grande partie de la compétence du botaniste. Tous reconnaissent qu'il faut du temps pour se faire à ce vocabulaire : « *les termes, tout ça, c'est indigeste au début quand t'y connais rien* » (Elsa). Mais progressivement, à force d'observer minutieusement les plantes et de les comparer entre elles, au fil des lectures et des interrogations, l'apprentissage se fait. De plus en plus de plantes peuvent ainsi être reconnues, désignées et nommées *personnellement*, pour le plus grand bonheur du passionné de nature.

> *Ah oui, il y a une espèce de jouissance... Si, si, complètement... Je me souviens que, à la période où je me suis dit, ben voilà, je connais la flore de la région, ça a vraiment été un sentiment de satisfaction, mais un peu au-delà... Ben voilà, je sais ce qui m'entoure... ça fait du bien quoi.*

Ça permet de savoir où est ta place aussi dans tout ça quoi, ce qui est quand même énorme…

Philippe

Ainsi, de fil en aiguille, au fur et à mesure que le nombre de plantes reconnues s'accroît, une relation de plus en plus concrète et étroite se noue entre les botanistes et le monde végétal. Naît une vraie joie d'être capable d'identifier de plus en plus vite et de plus en plus facilement une plante ramassée sur le terrain, de la rattacher à une catégorie « théorique » existante et de comprendre sa relation aux autres plantes, aux autres catégories du monde de la nature.

> [L'utilisation d'une flore comprenant une clé dichotomique] *c'est un vrai plaisir dans le sens que… elle est pas illustrée mais ça facilite la botanique : c'est un peu l'inverse de ce qu'on pourrait penser en fait (…). C'est vachement plaisant : avec la description, tac ! on arrive à une espèce ou à une autre, (…) tu lis, et là tu vois que ça colle bien : la description, la répartition… Et là je trouve ça vachement bien. Et après tu retiens parce que tu as fait la démarche. Et après, ça fait une plante de plus que tu voyais pas forcément avant. Et une fois que tu l'as notée, tu la vois après ; et après tu la vois partout au final… alors que tu la voyais pas avant. Et ça, je trouve ça vraiment cool ! Ouais !*

Nicolas

Cette joie de « l'alignement » n'est pas propre aux sciences naturalistes ; elle se retrouve dans toutes les passions cognitives. Rebecca Ellis[92] a ainsi introduit la notion de « jizz » pour traduire ces instants à forte charge émotionnelle où la connaissance abstraite des catégories, des espèces, des figures, rencontre dans l'observation l'exemplaire venant en quelque sorte remplir le modèle qui était présent de manière latente dans l'espace catégoriel : « l'émotion esthétique de la reconnaissance se traduit alors par un "Ça marche, c'est ça, c'est lui, c'est elle, eurêka !". Ce que l'on a présupposé se vérifie. C'est un moment de félicité produit par l'éclat lumineux de l'aspect reconnu et concordant. (…) Cette joie, c'est aussi ce qui fait courir quand cela ne marche pas : on attend que ça marche, on espère, voire on s'entête » (Roux *et al.*, 2005 : 379).

[92] Citée par Roux *et al.*, 2005 : 379.

Se piquer au jeu : les dilettantes et les accros

> *La Botanique est une des sciences les plus trompeuses. Comme les fleurs sont charmantes, on s'imagine qu'elle est charmante aussi, et l'on est vite désabusé. Pourquoi donc ? ah ! pourquoi ? c'est que les savants ont songé à eux, et non pas à nous. Ils ont voulu une science qui en fût une, et ils ont mis chaque chose à sa place sans s'occuper de savoir s'il serait facile à tout le monde de l'y trouver.*
>
> Ernest Bersot, 1893 (*in* Drouin 2008 : 98)

13 mai 2013. Jules et Hervé sont assis dans l'herbe et tentent de déterminer ensemble une graminée d'un groupe difficile. Hervé tient l'échantillon et mesure la taille des enveloppes florales, pendant que Jules, lui aussi muni d'une réglette graduée en aluminium, lit la description dans la flore. Extrait d'un échange sur le terrain :

> *- Hervé : Là je suis à 11 mm environ... entre 11 et 12... 12 au max.*
> *- Jules : (...) on est mal...*
> *- Hervé : On est à la charnière. (...) Je pense pas que ce soit des critères applicables.*
> *- Jules : Sinon y'a les caryopses. Tu les as les caryopses ?*
> *- Hervé : Ouais, ben là, faut la bino, fois 40 ou 50. Et puis vérifier que l'ovaire est velu : l'ovaire velu c'est [Vulpia] fasciculata, 9 fois sur 10 on tombe là-dessus. Sinon c'est membranacea (...) plus dur à trouver. Le membranacea aura un ovaire glabre. Faut pas mélanger aussi... parfois tu peux confondre les poils avec (...) les restes des stigmates. (...) Faut pas se mélanger.*

Dans ce « jeu » de la dénomination, qui mêle intimement rigueur et engouement, botanistes professionnels et amateurs sont soumis aux mêmes règles : celles de la catégorisation des plantes. Cependant, tracer les limites des frontières entre les espèces n'est pas forcément toujours simple car les espèces ne sont que des unités abstraites, définies arbitrairement, rassemblant des individus présentant *plus ou moins* des caractères communs. Décider qu'un échantillon de plante s'appelle « *Bellis perennis* (la pâquerette) », c'est reconnaître à cet échantillon qu'il possède la plupart des caractères de la catégorie statistique dénommée « pâquerette » (des feuilles allongées en rosettes, des inflorescences composées de ligules blanches et roses, etc.). Or, certaines plantes, notamment celles qui présentent une grande variabilité inter-individus, se laissent difficilement inclure dans les « boîtes » étanches de la classification et de la nomenclature.

Quelquefois on a des critères qui sont pas objectifs à 100 % et y'a des critères que tu peux pas... Si on te dit par exemple "caryopse enroulé", ou "en U" ou... c'est... pff... Si t'as pas un schéma derrière, t'as que ton interprétation, t'as plus la flore pour te guider... T'as ton interprétation, tu te lances, t'as ta part de risque aussi, tu dis « ça c'est ça » et après, t'as une chance sur deux de te planter.

Mathieu

Face à cette difficulté les botanistes s'adaptent, recherchant chacun à son niveau le meilleur compromis entre l'investissement nécessaire pour arriver à obtenir le résultat escompté (le nom de la plante) et le temps ou l'énergie qu'il lui sera possible de consacrer à cet exercice. Le débat sur la continuité ou la discontinuité de « l'ordre naturel » ne date par ailleurs pas d'aujourd'hui. Il opposait déjà Jussieu qui considérait que cet ordre était continu, et Candolle pour qui les coupures entre les groupes étaient aussi naturelles que les rapprochements eux-mêmes (Drouin, 2008 : 128). Aujourd'hui encore, des conceptions différentes de la classification des êtres vivants marquent l'univers des botanistes et les controverses sont probablement loin d'être closes. Les uns, par goût de la précision, par défi ou par choix épistémologique rejetteront les coupures arbitraires entre les « espèces » et préfèreront rendre compte de toutes les variations du monde végétal ; d'autres opteront pour des choix pragmatiques de classement des plantes dans des catégories fermées en reconnaissant la variabilité du vivant ; les derniers s'agaceront, comme certains de leurs prédécesseurs, de ces « clés qui ne marchent pas » ou de ces systèmes arbitraires de classification :

J'ai examiné plus de 200 plantes de toutes les dimensions et de toutes les couleurs, sans pouvoir en tirer la moindre conclusion d'ordre taxonomique ! (...) Il serait donc souhaitable de parvenir à une normalisation en ce qui concerne la définition des espèces, des sous-espèces, des variétés et des formes. Alors, tout serait plus facile et nos chères orchidées n'auraient plus besoin de subir de continuels changements de rangs et de noms. Elles ne seraient plus classées, le premier jour au rang d'espèces, le lendemain au rang de sous-espèces et le surlendemain au rang de variétés, de formes...

A. Alibertis (2011 : 36)[93]

---

[93] Alibertis A., 2011 - Considérations à propos d'un certain nombre d'orchidées de Grèce. *L'Orchidophile* n° 188, mars 2011. pp. 27-38.

Si certains ne jugent pas nécessaire de s'attarder trop longtemps sur des différences qui leur semblent trop ténues pour justifier la création d'une « frontière taxonomique », d'autres au contraire, poussent les limites au maximum de leur capacité d'observation, en s'aidant alors d'outils d'investigation de plus en plus sophistiqués et chers, tels que loupes binoculaires à très fort grossissement ou microscopes munis pour certains de fonctionnalités permettant de mesurer et de photographier chaque détail observé.

Deux « types » de botanistes émergent ainsi. Les premiers pourraient être qualifiés de « généralistes » ; ils font de la botanique surtout un moyen de compréhension du monde, y associant d'autres connaissances telles que la géographie ou l'écologie, cherchant avant tout à nommer les plantes pour pouvoir mieux décrypter leur environnement. Dans cette perspective, la difficulté voire l'impossibilité de déterminer certaines plantes trop complexes ou appartenant à des groupes trop variables est assumée. Pour eux la botanique doit rester praticable dans toutes les circonstances, sans suréquipement coûteux.

> *La bota, c'est plus un moyen qu'un but. Je vois pas l'identification d'une plante comme une finalité. Je vois pas... Rapidement je passerai à autre chose si y'a pas moyen de... de valoriser ça plus derrière ; non ça me suffirait pas, je pense pas. C'est un peu ce que je ressens avec les ornitho*[logues], *j'ai pas mal de copains ornitho, des cocheurs on appelle ça ; ils partent pour l'autre bout de la France... Y'a une espèce vue à tel endroit, voilà, hop ! ils arrivent tous avec les longues-vues, les machins, mais bon, moi j'ai du mal à donner du sens à ça en fait.*
>
> Nicolas

Un second « type » de botanistes pourrait être considéré comme des « investigateurs » qui « s'attaquent » aux groupes de plantes les plus difficiles à déterminer, celles qui sont plus ou moins récalcitrantes à la catégorisation proposée par les flores. Pratiquant une botanique exigeante et minutieuse, soucieuse du détail et de la précision, ils recherchent sans relâche tous les indices qui leur permettront d'identifier le moindre individu de plante. Ils déterrent, coupent, recoupent, mesurent, comparent. Ils cultivent chez eux des individus prélevés en nature pour mieux les observer ; ils cherchent ainsi à aller au-delà des apparences, à identifier les « types », les « intermédiaires », des hybrides, des formes. La recherche de critères de distinction entre les différentes plantes rencontrées sur le terrain est un exercice sans fin ou presque. Philippe affirme même que chez lui « le fait de tout nommer, ça a été, on peut dire, obsessionnel » :

> *[Au départ], le fait d'avoir pu tout nommer... voila, je pouvais baisser le regard partout et... je savais... je connaissais tout. Donc ça a été une grande satisfaction. Mais après, j'ai rencontré Didier (...) Et là, j'ai découvert une autre facette de la botanique si tu veux, et là je me suis dis ah !... Ah ouais d'accord... on peut chercher la petite bête comme ça aussi quoi ! Donc ça m'a vachement perturbé. (...) Pendant un moment j'ai plus fait de botanique, je savais plus ce que je voulais faire... s'il fallait que je prenne la direction de ce gars-là ou s'il fallait que je reste avec un regard plus... général... Bon voilà, et puis après je suis reparti dans la botanique et puis c'est là que après, au fil des ans... c'est un peu un cercle vicieux, une fois que tu connais à peu près toute la flore, et bien forcément euh... tiens là y'a des sous-espèces un peu chiantes, et puis là y'a des hybrides. (...) Donc après, c'est vrai que les dernières années j'ai commencé à un peu taquiner ça... j'ai commencé à me diriger vers ça quoi... Je cherchais des hybrides, je cherchais des... c'était toujours... ben... la nouveauté.*

Déjà Lamarck, dans sa *Philosophie zoologique*, considérait que « nous trouverons toujours de ces lignes de séparation qui nous paraîtront posées par la nature elle-même ; mais cette illusion se dissipera à mesure que nous observerons davantage » (cité par Matagne, 1999 : 122). Il conseillait ainsi aux naturalistes de ne pas perdre trop de temps et d'énergie à mémoriser les multiples espèces qui peuplent la surface de la terre car « *cette entreprise exclusive ne serait propre qu'à rétrécir les vues de celui qui s'y livrerait inconsidérément, qu'à étouffer son génie et qu'à le priver de satisfaction de concourir à donner à la science l'impulsion et la direction qu'elle doit avoir pour remplir son objet* »[94].

Mais la passion du jeu et la soif de curiosité peuvent être sourdes aux conseils des gens « raisonnables ». Igor, qui reconnaît « *avoir plus le sens du détail que des généralités* », se dit « *d'un tempérament comme ça : j'arrive pas à m'arrêter...* ». La question qui le taraude, toujours la même, il l'énonce ainsi : « *Qu'est ce que c'est que ce machin-là ? C'est pas possible, je vais bien réussir à savoir ce que c'est...* ». Sa curiosité sans limite peut le conduire à passer « *des heures et des heures* » à examiner tous les critères d'identification d'une plante ; tout comme Joseph, son premier professeur de botanique :

> *Joseph, lui, il était tellement fouineur comme moi, il pouvait passer des journées sur des trucs tordus... plus c'était tordu, à la limite, plus ça*

[94] Lamarck J.-B., 1809 - Recherches sur l'organisation des corps vivants, Paris, 1986, p. 12 (cité dans Matagne 1999 : 122).

valait le coup de s'y consacrer. Il se faisait des tableaux de caractères (...) et tant qu'il avait pas conclu, il avait pas conclu !

À ce jeu sans fin, Igor semble s'être perdu dans les dédales des clés de détermination. Comme Philippe, c'est après avoir rencontré Didier, et son souci extrême de la précision qu'il a été « déstabilisé », puis « perdu, complètement perdu », jusqu'à ne presque plus oser se confronter aux autres, ni partager ses connaissances, pourtant très importantes :

> *Au départ je préférais les sorties en groupe, j'adorais ça. Et puis quand j'ai eu ma période de doute à travers les positions de Didier (...) ça m'a mis mal à l'aise. Et je sortais plus que tout seul, ou alors en tout petit comité. Parce que j'étais trop déstabilisé. Je me rappelle quelques sorties que j'ai pu faire avec Didier et Bertrand... À la deuxième ou troisième plante qu'on regardait, je réalisais que j'avais un tas de lacunes. Et ça, ça me bloquait. Ça m'a bloqué... Surtout, ça m'a dissuadé de faire des sorties, j'avais plus confiance en moi.*

La « mécanique » de la désignation imprègne désormais toute son intimité, jusqu'à en éprouver un réel inconfort :

> *Je me dis qu'il faudrait que je m'arrête. J'aimerais bien m'arrêter maintenant (...) Mais maintenant je suis pris au jeu, je suis coincé. [Mais non, tu peux décider ?] Ouais, mais c'est dur... Parce que t'es en éveil tout le temps. Les Lemna et les callitriches, cette année j'ai encore passé des heures... (...) Tu sais plus te détacher. (...) Ouais, ouais, ça t'enferme au bout d'un moment... et... comment dire, ça te fausse le regard quoi (...). Je trouve toujours un truc de tordu quand je regarde quelque chose... J'vois plus jamais rien.*

Pour tous, « devenir botaniste » consistera à trouver sa place dans cet équilibre entre raison et passion dévorante car cet exercice de repérage, d'observation et de désignation est au cœur de l'activité naturaliste et constitue même l'un des ressorts du plaisir et de la passion pour la botanique. C'est paradoxalement l'un des moyens essentiels d'une ouverture sur le monde et d'une prise de conscience de l'immensité du vivant. Il suffit d'entendre Mathieu :

> *On veut tout mettre dans les cases : tu prends une flore, ça va pas ; tu prends une autre flore, ça va pas non plus.... En fait, ça permet (...) de se dire que tout n'est pas parfait finalement ; d'essayer de prendre un peu de recul aussi. Est-ce que c'est vraiment quelque chose de nouveau ou est ce que c'est... lié à une variabilité... Tu vois, Bromus hordeaceus,*

en conditions xériques, il peut perdre des poils sur les lemmes. Du coup tu te retrouves avec un hordeaceus tout glabre. Mais si tu le ressèmes après en conditions [moins sèches], il va redevenir grand avec des épillets plus poilus ! (...) Ah ça, la culture, j'adore ! Parce qu'au moins, (...) quand tu les remets dans des conditions normales, après tu te dis : Oh, là, là ! Je me suis bien inquiété pour pas grand-chose !

Finalement, un jeu la botanique ?

Si la recherche de plantes dans la nature peut se faire en toute liberté, sans cadrage particulier, leur dénomination, pour peu qu'on la veuille sérieuse, est bien en revanche une affaire de conventions, de règles ; une affaire de jeu collectif par conséquent. L'attribution d'un nom à une plante suppose en effet, comme on l'a vu, de recourir à des clés de détermination faisant appel à l'observation et à la comparaison de critères botaniques précis ; ces critères doivent être admis par le groupe en tant que convention, faute de quoi le « jeu de la désignation » devient impossible. Lorsque l'un des « joueurs » remet en question certaines de ces règles, considérant par exemple qu'un critère de distinction proposé par une flore « ne marche pas » et qu'il serait préférable de prendre en compte d'autres critères, c'est l'ensemble des participants au jeu qui en sont affectés. Dans la mesure où les conventions ont pour but de créer les conditions du jeu dans un principe d'égalité entre les participants, leur remise en question bouleverse les équilibres et oblige chacun à se repositionner : adopter « les yeux fermés » les nouvelles conventions proposées, poursuivre avec les anciennes, en proposer d'autres, refuser de jouer... Un certain rapport de force se crée ainsi parmi les passionnés.

À cet égard (mais pas seulement), la botanique présente tous les ressorts de l'*agôn*. L'*agôn*, dans la Grèce antique, désignait toute forme de compétition ou de joute oratoire. Roger Caillois reprend ce terme comme unité de classification des « *jeux de combat où l'égalité des chances est artificiellement créée pour que les antagonistes s'affrontent dans des conditions idéales, susceptibles de donner une valeur précise et incontestable au triomphe du vainqueur* » (Caillois 1967 : 50). L'*agôn* rassemble toutes les épreuves sportives, mais aussi tous les jeux où les adversaires disposent au départ d'éléments exactement de même valeur et de même nombre, comme le jeu de dames, les échecs, le billard. Le ressort de ces jeux, nous dit Caillois, est le désir pour chaque concurrent de voir reconnue son excellence dans un domaine donné. C'est pourquoi « *la* *pratique de l'*agôn *suppose une attention soutenue, un entraînement approprié, des efforts assidus et la volonté de vaincre. Elle implique discipline et persévérance. Elle laisse le champion à ses seules ressources, l'invite à en tirer le meilleur parti possible, l'oblige enfin à s'en servir loyalement et dans les limites fixées qui, égales pour tous, aboutissent en revanche à rendre indiscutable la supériorité du vainqueur. L'*agôn *se présente comme la forme la plus pure du mérite personnel et sert à le manifester* » (*op. cit* : 52).

À côté de l'*agôn*, Caillois introduit, dans sa typologie des formes de jeux, le *ludus*, ce goût pour la difficulté gratuite, cette propension à se réjouir de venir à bout d'une difficulté créée à dessein et de n'en éprouver d'autre contentement que le plaisir intime de l'avoir résolue (*op. cit.* : 79).

Tout ou presque dans la botanique fait d'abord penser à l'*agôn*, à un *agôn* tant cérébral que musculaire où le rôle du mérite et du travail, de la persévérance et de l'entraînement, se montre net et indiscutable. Cependant, dans la passion botanique (mais probablement aussi dans les autres passions naturalistes), la combativité propre aux jeux de l'*agôn* s'exerce avant tout vis-à-vis de soi-même. L'*agôn* (le goût pour la compétition et la rivalité) se combine ainsi avec le *ludus* (cette recherche du plaisir gratuit et cette émulation avec soi-même). Qu'elle se tourne vers soi-même ou vers les autres, cette combativité porte sur la mémoire, la capacité d'observation et de déduction ainsi que sur les capacités physiques, notamment d'endurance.

En décidant de « faire de la botanique de terrain », le botaniste se donne ainsi un double défi, cérébral d'abord, corporel ensuite. Ces deux dimensions sont étroitement dépendantes l'une de l'autre. En effet, la qualité d'un botaniste se mesurant souvent à la richesse et à la diversité des plantes qu'il est capable d'identifier, il s'avère que plus il possède à son actif un très grand nombre d'espèces identifiées (qu'il a été capable de dénicher, de repérer, d'observer, de nommer et de mémoriser, voire d'archiver dans un herbier ou une photothèque), plus il se distingue, vis-à-vis de lui-même et vis-à-vis des autres, comme un « bon botaniste ». Or, pour pouvoir repérer un grand nombre de plantes, il faut certes avoir un peu de chance (la botanique comprend donc aussi une part d'*aléa*[95]), mais il faut surtout soit affûter son regard au maximum et chercher la distinction dans le

[95] Dans la typologie de Caillois, l'*aléa* désigne, en opposition à l'*agôn*, l'ensemble des jeux de hasard, dans lesquels les joueurs sont passifs, leur sort dépendant du « destin ».

moindre détail[96], soit fréquenter différents types de milieu, plus ou moins accessibles et agréables, et ce à différentes saisons. Concernant ce dernier point, la condition physique apparaît comme une qualité déterminante. Certaines offres d'emplois de botanistes[97] comportent d'ailleurs des mentions sans équivoque, comme : « Profil recherché : très bonne condition physique (...) » ou « Compétences requises : (...) Pratique éprouvée du travail de terrain (...) » ou encore « Prérequis : aptitude au terrain (marche en particulier) ». Il se pourrait d'ailleurs que ces critères amènent à recruter surtout de jeunes hommes plutôt sportifs et à disqualifier les autres (les femmes notamment). Finalement, l'une des règles de l'*agôn* qui est celle de l'égalité des chances (ou du rétablissement de l'égalité des chances), serait ici corrompue[98].

> *Ils te le diront jamais [les recruteurs] mais... je pense que c'est [les critères de performance physique], c'est ça surtout... Parce que tu vois chez nous, la région elle est vallonnée quand même... Après c'est dans leur tête, si j'étais à leur place je ferais pas ça. Mais c'est un fait chez nous, des botanistes de terrain femmes, y'en a très très peu quoi.*
>
> Mathieu

On pourra remarquer que la dimension compétitive de la botanique, ici manifeste, fait largement appel, dans les faits comme dans l'imaginaire collectif des passionnés, aux valeurs « traditionnelles » de robustesse, de force, de résistance, voire de bravoure ; celles-ci pimentent encore certains comptes rendus d'excursion. À ce jeu, les personnes éduquées et formées à un certain esprit de compétition sportive et de combativité basée sur la résistance physique tireraient plus facilement que les autres leur épingle du jeu. C'est ce que croit Philippe, lorsqu'il se compare à Magali, et que dénonce Sophie, n'accordant pas le même « poids » à l'importance de la condition physique et de la témérité dans l'art d'exercer la botanique :

---

[96] Certains excellent ainsi dans la description de nouvelles espèces, sous-espèces ou variétés (parfois d'ailleurs en n'hésitant pas à remettre en question certaines règles de détermination et de dénomination des plantes).

[97] Voir par exemple le site de la fédération des CBN : www.fcbn.fr/offres-d-emploi?&&items_per_page=5&page=10 et le site de Telabotanica www.tela-botanica.org/actu/rubrique.php3?id_rubrique=19&debut_article=20 consultés le 1/06/2014.

[98] Force est de constater que la botanique professionnelle reste encore aujourd'hui majoritairement un métier d'homme. Même si on est loin du ratio hommes-femmes des siècles passés, la consultation des organigrammes des Conservatoires botaniques nationaux (pour ne prendre que cet exemple) montre qu'actuellement les femmes ne représentent encore que 22 % des botanistes professionnels (chiffre calculé à partir des organigrammes des CBN Alpin, de Bailleul, de Brest, de Franche-Comté, Sud-Atlantique, du Massif central, du Bassin parisien et de Méditerranée (consultés sur leurs sites internet le 31 mai 2014)).

Moi, même quand il y a des taureaux, moi je rentre [dans le champ]... Ben ouais. Par exemple, tu fais [une herborisation dans] une commune, y'a pas de mare. Et puis t'en trouves une enfin. Putain, y'a une mare et y'a un taureau dedans ! Moi j'y vais hein... tu vois... Je vais faire gaffe... je vais longer la haie tout ça, mais j'y vais... Ouais je sais, je comprends [que ça peut être dangereux] ; je me suis déjà fais courser quand j'étais petit... Je comprends, mais... Par exemple, Magali, elle irait pas...

Philippe

Je pense qu'il y a de la place pour les filles y compris pour des trucs de terrain. C'est physique c'est sûr mais en même temps les trois-quarts du temps, si tu... C'est une habitude d'être dehors, d'accord il faut une condition physique mais... Y'a bien des filles qui sont capables... En fait, je pense qu'aujourd'hui on accepte mieux un vieux botaniste homme, qui pourtant est vieux et donc peut plus aller partout... C'est mieux accepté que une jeune femme en forme... Parce qu'il y'a toujours ce regard... peut-être qu'elle est fragile ou peut-être que... (...). Pas chez les amateurs, là ça change. Mais chez les pro oui. C'est le milieu scientifique qui est très macho.

Sophie[99]

Mais il serait injuste de réduire la passion botanique à un sport de compétition ; par-delà la représentation très masculine de modèles de combativité, auxquels la botanique (comme bien d'autres disciplines scientifiques) n'échappe pas, c'est le goût pour ces exercices intellectuels gratuits qui semble constituer le moteur le plus puissant de cet engagement. C'est cette envie de savoir, ce besoin de connaître, qui pousse les botanistes à s'entraîner, à « passer des heures et des heures » le regard fixé sur les végétaux, seuls ou en groupe, et au final qui leur permet d'acquérir leur savoir-faire, leur compétence inégalée dans l'art de reconnaître les plantes.

C'est par la voie du jeu et de la passion qu'ils accèdent à la connaissance du monde végétal et qu'ils peuvent ainsi entrevoir la possibilité de mieux comprendre leur environnement, naturel comme humain.

---

[99] Sur « l'avantage masculin » dans le monde scientifique, en particulier dans le domaine de la biologie, voir l'article de Marry et Jonas : Chercheuses entre deux passions. L'exemple des biologistes. *Travail, genre et sociétés*, 2005/2 nº 14, p. 69-88. DOI : 10.3917/tgs.014.0069.

Curiosité pour la nature	Achat de livres illustrés (flores pour débutants avec photos ou dessins)	Passage au collectif	Achat de flores techniques (flores non ou peu illustrées)	Achat de matériel de plus en plus sophistiqué (de la loupe au microscope)
				Utilisation de flores et publications spécialisées
			Utilisation des **clés de détermination**	Echanges accrus avec les spécialistes
		Relation "maître à élève"	Multiplication des sorties et des milieux prospectés Augmentation des distances parcourues	Recherche d'une certaine **performance**
	Imprégnation	**Rencontre d'autres botanistes**	Reconnaissance d'un nombre croissant de plantes	Dimension compétitive
Plaisir de **découvrir**	Apprentissage en solitaire	Sorties en groupe	Transmission	Publication
Souhait de comprendre	Appropriation du vocabulaire de base	Participation à des projets collectifs	Reconnaissance du **"statut" de botaniste**	Reconnaissance du **"statut" d'expert**
Usage du français		*Usage du latin*		
Enfance et adolescence	*Âge pré-adulte et adulte*			

Les grandes étapes de l'apprentissage de la botanique

De l'observation à la connaissance scientifique

Lorsqu'il a acquis une certaine expérience, tout botaniste, qu'il soit professionnel ou non, détient un savoir-faire et des connaissances qui en font un maillon indispensable à la production et à la circulation de la connaissance scientifique. En France, les organismes professionnels spécialisés dans la recherche en botanique de terrain sont actuellement de taille et d'effectifs trop modestes pour pouvoir satisfaire les besoins immenses de connaissance. Le recours aux non-professionnels est de plus en plus nécessaire et fréquent, comme en témoigne la mise au point de nombreux programmes de « sciences participatives » par le Muséum national d'histoire naturelle[100] ou diverses associations, notamment. La plupart de ceux qui font l'effort de compiler et de communiquer leurs observations à des institutions botaniques après chaque saison de terrain ont ainsi le sentiment de contribuer à un travail commun et utile d'intérêt général. Ce faisant, ils inscrivent leur contribution dans une autre perspective : celle de voir leurs compétences reconnues et valorisées par la « communauté » scientifique.

[100] On citera par exemple les programmes « Vigie nature », destinés à démultiplier le recueil de données de terrain par les amateurs « curieux de nature ».

La « transmission de données » a de multiples objectifs et se fait de diverses manières, depuis la conversation amicale permettant d'échanger découvertes, impressions et questionnements, à la production d'articles à caractère scientifique, en passant par la communication d'informations précises à des personnes ou à des organismes en charge de projets d'amélioration des connaissances sur l'écologie ou la répartition des plantes.

Botanique et écologie[101]

> *Comme toutes les choses s'interpénètrent, de toute façon, voilà… Une fois que tu regardes quelque chose à la loupe, vraiment… du coup euh… c'est un peu le paradoxe : plus ton regard s'affine, s'affûte vers le tout-petit, et plus finalement aussi ton regard… s'élargit quoi. Ben oui, ne serait-ce que la phytosociologie (…) c'est vrai que ça ouvre… et puis forcément* [on voit] *l'impact de l'homme sur les paysages, etc. etc., et puis après un peu de géologie aussi… et puis ça permet d'imaginer… C'est vrai que maintenant, on arrive dans des endroits, avec un peu d'imagination on sait comment c'était il y a 80 ans quoi. Grâce à certaines espèces ou certains types de milieux. Et ça c'est quand même très très intéressant…*
>
> Philippe

Le fait de parvenir à dénommer une plante ne suffit pas à satisfaire la curiosité de nombreux botanistes passionnés. Une fois une plante reconnue et désignée, d'autres questions surviennent : qu'est-ce qui explique sa présence en cet endroit ? Y est-elle en sécurité ? Quelles sont ses compagnes favorites ? Où pourrais-je la rencontrer à nouveau ? etc. En botanique comme en ethnologie, s'étonner, chercher à saisir le pourquoi du comment nécessite d'aiguiser son regard sur le monde pour mieux en comprendre le sens. Le regard ne consiste pas uniquement à voir, il sert aussi à rassembler (Dibie, 1998 : 120).

Comprendre le monde des plantes est une tâche immense, infinie pourrait-on dire. La masse des interrogations qui frappent les curieux de nature les conduit à de longs moments de réflexion et d'observation. Chez ces passionnés mus par une volonté de savoir, comme chez tous les

---

[101] Le terme « écologie » est ici employé dans son acception scientifique (et non politique), à savoir : la science des relations des organismes avec le monde environnant, c'est-à-dire, dans un sens large, la science des conditions d'existence (d'après la définition de Haekel en 1866).

chercheurs, la connaissance ne naît pas d'une simple contemplation (Latour 1993 : 1985), mais d'un mouvement et d'une mise en relation entre de nombreux faits concrets et informations conceptuelles. C'est ce qui explique qu'un botaniste, pour *comprendre,* a besoin de passer beaucoup de temps à cheminer lentement, silencieusement, les yeux au sol, oubliant le temps qui passe, et toujours à l'affût de quelque connaissance nouvelle. Et tandis que son regard oscille entre les espèces et communautés végétales aperçues et reconnues, les informations apportées par les flores, les indices géographiques, écologiques ou géologiques pouvant être identifiés dans un paysage, sa pensée elle aussi va et vient, reliant l'ici et l'ailleurs, le présent, le passé et l'avenir.

> [Ce qui me fait plaisir], *c'est l'ensemble de la démarche : c'est la balade déjà, d'être dehors. J'ai mon sac, avec « la des Abb »*[102] *dedans. Hop ! J'vois une plante que je connais pas... je m'installe, je commence à identifier. Bon, si j'arrive à le faire sur le terrain, tant mieux, sinon après je regarde ça à la bino ; mais je sais pas d'où vient le plaisir, c'est pas que la détermination de la plante je pense, c'est l'ensemble. C'est le temps que t'as pris pour faire ça, la réflexion que t'as eue pendant ta détermination, pendant ta balade... Je pense que c'est un ensemble de choses, et puis... qui te mène à la détermination de la plante et puis après à l'écologie et... tu comprends mieux ce qui t'entoure au final.*
>
> Nicolas

Dans cette recherche de savoir, reconnaître et nommer les plantes ne constitue qu'une étape ; étape majeure néanmoins car ce n'est que lorsque sont acquises les clés qui permettent de repérer et d'identifier les plantes dans leur milieu de vie que de nouvelles portes peuvent s'ouvrir : dans une pelouse, là où le quidam ne verra que du banal (de l'herbe et quelques fleurs), le botaniste, ayant éduqué son regard, se réjouira de la diversité végétale, pouvant distinguer et reconnaître, selon l'état de « sauvagerie » de la pelouse, vingt ou trente espèces de plantes différentes, parfois plus. Petit à petit, de pelouses en prairies, de fourrés en marais, de rivières en forêts, il saura ainsi décrypter les besoins vitaux des plantes et des communautés végétales qu'il reconnaît. Il discernera les annuelles des vivaces, les précoces des tardives, les communes des plus rares, les gourmandes des sobres, les adeptes des sols humides de celles des milieux

---

[102] Abréviation issue du nom de l'auteur principal de l'ouvrage de référence que nombre de botanistes armoricains utilisent pour identifier les plantes (des Abbayes H., Claustres C., Corillion R., Dupont P., 1971 (2002) – *Flore et végétation du Massif armoricain*. Presses Universitaires de Rennes / H. des Abbayes Editeur). Cette flore est appelée par presque tous la « des Abb. ».

secs, celles qui sont menacées par la concurrence des autres, etc. Ce faisant, il deviendra en capacité de mieux percer quelques-uns des aspects du fonctionnement du monde végétal, saisissant les moindres indices, les reliant les uns aux autres, et réunissant tous les éléments du puzzle pour enfin voir se dessiner l'image et l'organisation de ce monde si différent et si proche à la fois. Sans l'opération préalable de reconnaissance précise des espèces, de dénomination et de discrimination des différents individus rencontrés sur le terrain, cette interprétation du monde serait probablement beaucoup plus difficile, en tous les cas moins riche, moins fine.

> *Tu vois où la plante elle habite, quel milieu elle préfère, c'est quoi son optimum (...) alors qu'après tu vas traverser un autre habitat, tu vas voir qu'elle est plus là ; tu vas savoir pourquoi elle est plus là. Tu sais que les conditions lui conviennent plus et tout ça. Si t'en vois une autre qui lui ressemble, tu sais que ce sera pas elle parce que potentiellement l'autre peut pas vivre là. (...) Même les périodes de floraison, tu sais que, tac ! à telle période... tu sais que ça, ça va fleurir. Donc tu te dis "potentiellement je pourrais chercher telle ou telle plante" (...). Et tout ça mis bout à bout, t'as l'impression de comprendre un petit peu.*
>
> Nicolas

La compréhension des conditions dans lesquelles se développent les plantes sur le terrain est, avec la capacité à les identifier et les nommer, l'un des marqueurs de la compétence des botanistes : connaître les exigences écologiques des plantes permet de mieux rechercher certaines espèces et donc d'augmenter ses chances de découvrir des plantes rares ou des espèces non revues depuis très longtemps. Le botaniste qui fait des trouvailles grâce à son « flair » est en réalité celui qui cumule une bonne connaissance des espèces de plantes et de leur écologie et une capacité à « lire » le paysage dans lequel il prospecte. C'est le cas d'Igor, amateur éclairé qui considère que pour trouver certaines plantes, il fait appel à son « instinct de chercheur de champignons ». Il en est également ainsi de Mathieu, botaniste professionnel, capable de voir, du fait de son expérience et de sa connaissance, l'originalité et les potentialités floristiques d'un milieu humide et ouvert, découvert au détour d'une prospection de terrain :

> *L'autre jour je suis tombé sur une micro-dépression avec Anagallis minima, Cicendia, des choses comme ça. J'y ai pris énormément de plaisir, voir ces petites raretés... C'est exactement comme quand tu cherches les champignons (...). Tu remontes le filon... tu te dis "bon alors là, je suis dans un endroit, ça le sent bien". Tu vois, là j'étais en*

bordure de... d'un champ sablonneux, c'était très dégagé. J'avais repéré que l'hiver y'avait de l'eau qui stagnait ; là c'était bien à sec. Y'avait des petites tonsures annuelles, là ; je me suis baissé et je me suis dit "là je vais fouiller". Et oh ! [accélération du débit] *Anagallis minima ! Et à côté Cicendia ! Tu fouilles, tu fouilles... Briza minor !... Et alors là, c'est... t'es... après t'es comme un gamin.... Et là, à la limite, t'es même plus au boulot là, tu fais plus la distinction entre ce que tu fais le week-end et ce que tu fais au boulot. C'est... t'es dans ton truc, tu fouilles...*

Ainsi, le botaniste qui entreprend l'inventaire floristique complet d'un secteur donné ou celui qui recherche une plante bien particulière ne se déplace pas au hasard dans la nature. Sa première tâche est de choisir et de sélectionner les localités et les milieux qui lui paraissent les plus propices à une herborisation féconde. Cette capacité s'acquiert progressivement, de sortie en sortie, en solitaire ou à plusieurs. C'est à force de voir les plantes dans leur milieu que le botaniste ressent, pressent, apprend finalement leur écologie. Comme l'estime d'ailleurs Léon, c'est précisément cette connaissance de l'écologie des plantes et la capacité à les rechercher *in situ* qui caractérisent les botanistes et qui permettent de les distinguer (en particulier) des jardiniers :

L'ancien jardinier que je connaissais au jardin botanique, il était capable de te dire l'emplacement exact dans le jardin de toutes les plantes ! (...) Mais par contre (...) dans la nature, il était un peu paumé. (...) Le botaniste, c'est celui qui connaît parfaitement les espèces, et dans leur milieu. Moi par exemple, je suis pas phytosociologue, mais quand je vais dans certains milieux, où t'as des petites plantouzes, des grandes... et tu sais que la petite en général elle va être associée à telle autre, donc c'est là que tu vas la rechercher... mais ça, ça s'apprend petit à petit...

Léon

Peu importe que ce savoir soit incorporé « sauvagement »[103] ou de manière plus académique, ce qui est certain, c'est que plus ce savoir est riche, plus la capacité de rechercher et de rencontrer des plantes nouvelles sur le terrain sera grande ; et plus grande aussi sera, en conséquence, la compétence du botaniste. C'est cette compétence qui se lit entre les lignes de ce courriel d'Aurélie, racontant comment elle a découvert, non pas par hasard, mais par intention, une station d'une orchidée rare inféodée aux tourbières, dont elle est devenue spécialiste et experte :

---

[103] Lévi-Strauss C., 1962 – *La pensée sauvage*. Paris. Presses Pocket. 347 p.

C'est une tourbière que Frédéric m'avait suggérée d'aller visiter (...). Chemin, champ, talus à escalader, ptéridaie, moliniaie en touradons.... Et voici un secteur bien humide avec Narthécie dominante et pompons de linaigrette. Pas mal de ces spots à Narthécie, qu'on voit de loin. Je monte dans la tourbière, encore des dépressions humides, mais pour l'instant, c'est que de la Narthécie : pas une Drosera, très peu de sphaignes. À un endroit, on entend l'eau couler, une petite « cascade » sous la végétation. Et puis là, un endroit très humide... un semblant plus dégagé ? J'écarte un peu les Narthécies et je tombe sur 3 pieds de Malaxis ! Un pied fleuri avec bulbilles, deux non fleuris, dont un avec belles feuilles et bulbilles, l'autre avec de jeunes feuilles encore non ouvertes. Le plus étonnant c'est qu'ils sont là, à l'ombre des Narthécies hautes (30-40 cm) et denses, dans cet endroit que l'on pourrait croire trop fermé. Et ils poussent sur la « croûte » de litière de Narthécie. Juste à côté, je n'en trouve pas. Le temps de faire un relevé, un schéma, planter une branche d'ajonc comme repère... il est déjà tard. Un dernier coup d'œil un peu plus loin (à 20 m environ), encore un trou un peu plus dégagé : un autre petit pied fleuri, sur la litière de Narthécie en décomposition. Allez, pour celui-là, pas de repère, je lui laisse son anonymat, il s'en portera peut-être aussi bien.

Les botanistes, au travers des plantes qu'ils recherchent et dont ils ont appris à comprendre les principales exigences écologiques[104], détiennent ainsi une connaissance certaine des milieux qu'ils parcourent. Pour autant, dans les milieux amateurs, cette connaissance reste souvent empirique et peu structurée ; de fait, elle demeure méconnue, mésestimée, sous-utilisée et non valorisée. Il est vrai que l'écologie est une science complexe, qui tend en outre à s'éloigner de plus en plus d'un rapport concret avec le terrain, en liaison avec le déploiement, dans les laboratoires de recherche en écologie, de ce qu'il est convenu d'appeler aujourd'hui « l'écologie fonctionnelle ».[105] Dans cette approche très « modélisatoire » de la nature,

---

[104] C'est-à-dire leurs principaux besoins eu égard (par exemple) aux conditions d'ensoleillement, d'exposition aux embruns ou vents dominants, au régime trophique ou hydrique des sols, aux modalités d'exploitations agricoles...

[105] Le département « «écologie fonctionnelle » du Centre d'écologie fonctionnelle et évolutive du CNRS (Montpellier) attribue à l'écologie fonctionnelle le rôle de « comprendre la façon dont les organismes interagissent entre eux et avec leur environnement à différentes échelles. Une combinaison d'approches fondées sur les traits fonctionnels et l'écophysiologie permet de caractériser la structure fonctionnelle des communautés et de quantifier l'impact des organismes sur les propriétés des écosystèmes sous différentes contraintes de climat ou de perturbations. Ces informations permettent de conceptualiser, développer et paramétrer [les] modèles de composition des communautés au niveau local, de fonctionnement des écosystèmes et des échanges biosphère/atmosphère associés, ainsi

la connaissance pratique du terrain acquise par les botanistes a (pour l'instant ?) peu de place. Pour que cette connaissance devienne un jour intégrée à la recherche académique, pour qu'elle devienne ainsi scientifique, il faudra d'abord la « protocoler » et la structurer. Un travail collaboratif important reste à construire dans ce domaine, à l'image de ce qui a été réalisé il y a plus de 50 ans en France et en Europe dans le domaine de la géographie botanique, à laquelle les amateurs apportent une large contribution.

La géographie botanique

La géographie botanique est un domaine indissociable de la floristique. Des grandes explorations lointaines aux prospections des contrées voisines, les botanistes ont toujours associé à leurs découvertes végétales des lieux, qu'il s'agisse de continents, de pays, de régions, de départements ou d'autres localités encore plus précises. Ces précieux renseignements, dont les plus anciens sont inscrits dans les flores et les herbiers, ont permis de dessiner les grands traits d'une géographie botanique du globe et de cerner ainsi la distribution des grandes zones de végétation : forêts tempérées ou tropicales, végétations méditerranéennes, steppes, savanes, ou autres végétations des déserts, des pôles et des hautes montagnes. En Europe, de grands programmes de phytogéographie ont été lancés après guerre, se donnant comme vocation de mieux comprendre les modes de distribution des plantes à l'échelle de cette région du monde.

L'un des initiateurs du projet de cartographie floristique de la France est Henri Gaussen, professeur à l'université de Toulouse jusque vers la fin des années 1960. Pierre Dupont, l'un de ses élèves, en a été l'une des principales chevilles ouvrières : la cartographie de La flore de France, il y a consacré de longues journées, et de longues soirées d'hiver aussi :

> *La cartographie européenne, ça avait commencé (...) c'était après ma thèse*[106]*. C'est Gaussen qui avait reçu un courrier (...) à propos de la Flore d'Europe... On cherchait des gens pour faire le travail de vérification* [des premières épreuves de la Flore] *en France et dans les autres pays. (...) Alors monsieur Gaussen (...) me dit : on cherche*

---

que ceux portant sur les aires de répartition d'espèces au niveau régional ou continental ». http://www.cefe.cnrs.fr/dptefonctionnelle/ecologie-fonctionnelle - consulté le 27/07/2014.

[106] Dupont P., 1962 - *La flore atlantique européenne : introduction à l'étude phytogéographique du secteur ibéro-atlantique*. Thèse de l'université de Toulouse. Privat : Imp. Édouard. 414 p.

quelqu'un pour la France, est-ce que vous voulez faire ça ? Y'avait les brouillons si on peut dire... de tous les genres. On m'envoyait ça, on me demandait si j'étais d'accord avec la répartition des plantes (...). Donc je donnais des précisions pour la France et pour l'Espagne... Donc j'ai vu... au fur et à mesure, tous les manuscrits de Flora europaea.... *et puis quand la cartographie floristique s'est lancée, on m'a tout naturellement contacté. (...) J'ai été le responsable pour la France dès le départ.*[107]

C'est dans ce cadre que de nombreux botanistes ont été invités à « faire remonter » les informations dont ils disposaient. Gabriel Rivière, passionné de phytogéographie, se remémore le travail qu'il a ainsi engagé au début des années 1980, à l'échelle du département du Morbihan : plus d'un millier de cartes réalisées, donnant la répartition de chaque espèce de plante du département :

J'avais dessiné des petites cartes... sur des feuilles 21 x 29,7... avec des petits carrés [découpant le territoire en mailles égales]. Et je pointais à chaque fois tout ce que j'avais vu. Par exemple dans une journée, sur un site donné, et bien je pointais : telle espèce, telle autre espèce... dans la division. J'avais des cartes pour toutes les espèces, toute la flore. Y'avait juste les limites principales, deux ou trois cours d'eau... pour me repérer (...). Le plus plaisant, c'est évidemment que les connaissances augmentent, enfin s'accumulent au fur et à mesure. Et c'est de voir... d'avoir des connaissances sur la répartition des plantes : au lieu de dire c'est commun, ou assez commun, et bien, on voit... Par les cartes, je voyais tout de suite quelle était la répartition ! Si je prends l'exemple du Cornouiller (...) bon ben, j'ai vu tout de suite que le Cornouiller était commun à l'est du département, et un petit peu dans le sud. Et ça, c'est un apport de connaissances intéressant.

À l'époque, il adressait ces informations à des professeurs d'universités engagés dans un projet international de production de connaissances sur la flore sauvage d'Europe. Depuis, les professeurs sont partis et n'ont pas été remplacés. Mais d'autres ont pris le relais et c'est toujours avec ce même objectif – faire progresser la connaissance – que Gabriel Rivière continue aujourd'hui d'envoyer chaque année les résultats de ses observations de terrain à l'institution botanique qui gère la base de données floristiques de sa région. En communiquant ainsi les localisations des stations[108]

---

[107] Entretien réalisé près de Bordeaux en février 2013.

[108] Une « station », en botanique, désigne le lieu où a été observée une espèce de plante donnée. Ex : « la station de Liparis de Saint-Piriou ».

botaniques, il contribue à partager ce qu'il a compris : la façon dont les différentes espèces de plantes sauvages sont réparties dans l'espace et dont elles ont évolué au fil du temps.

Actuellement en France, pour alimenter les nombreuses politiques publiques concernant la biodiversité, un travail formel de collecte de données botaniques est réalisé au niveau local, régional ou national par plusieurs associations[109] et par des organismes publics, notamment le Muséum national d'histoire naturelle et les Conservatoires botaniques nationaux. Ces derniers, qui sont présents désormais dans la quasi-totalité des régions du territoire métropolitain et dans une partie des territoires et départements d'outre-mer[110], assument en outre, de par les missions qui leur sont confiées réglementairement[111], un rôle d'évaluation et de validation des données collectées. Les botanistes amateurs souhaitant partager leurs observations de terrain, trouvent ainsi auprès de ces organismes publics et de leurs outils d'archivage et d'analyse des données, les conditions techniques permettant de valoriser une simple observation de terrain en une information scientifique. La compilation de toutes ces informations permet ainsi de discriminer les plantes rares et les plantes communes, celles qui poussent exclusivement dans certains secteurs, celles qui sont strictement liées au littoral ou au contraire celles qui ont une distribution plus large, bref, de réaliser une géographie botanique. Elles donnent une certaine vision du monde (un « *monde aligné, transformé, construit* » comme dit Latour)[112] sur laquelle s'appuieront d'autres analyses, d'autres visions du monde.

---

[109] J'entends sous ce terme les organisations non gouvernementales à but non lucratif et de statut privé relevant de la loi 1901. Celles qui, d'ampleur locale, régionale ou nationale ont entrepris ce travail de rassemblement de données d'inventaires de plantes sont nombreuses en France ; il est impossible de les citer toutes. À titre d'information, on peut en retenir quatre, d'emprise nationale : la fédération des Conservatoires botaniques nationaux qui agrège la plupart des données des Conservatoire, la Société française d'orchidophilie (ayant fait paraître en 2010 un atlas collaboratif des orchidées de France), Telabotanica (qui a développé un programme de collecte nationale de données floristiques : Flora Data) et Réserves naturelles de France (développeur d'une base de données naturaliste multidisciplinaire, la base Serena). Alphandery et Fortier ont montré le rôle central joué par les associations dans la production de données naturalistes (Alphandery et Fortier, 2013 : 205).

[110] Voir le site de la fédération des Conservatoires botaniques nationaux : www.fcbn.fr.

[111] Ces missions, définies dans le Code de l'environnement (article L414-10) consistent en la connaissance de l'état et de l'évolution de la flore sauvage et des habitats naturels et semi-naturels, l'identification et la conservation de la flore et des habitats rares et menacés, le concours scientifique et technique auprès des pouvoirs publics et la sensibilisation du public.

[112] Latour B., 1993 : 224.

Conservée et ainsi valorisée, une découverte botanique deviendra tout à la fois une « donnée » pouvant être croisée avec d'autres dans le cadre d'une recherche particulière et la preuve d'une histoire botanique (« à cette date, cette plante existait à cet endroit et c'est moi qui l'ai vue ») pouvant être contée aux générations futures.

Transmission et reconnaissance

La transmission à un tiers d'une observation floristique faite sur le terrain a une double vocation : d'une part de contribuer à la production de connaissances et à la valorisation du travail du botaniste, d'autre part (dans certains cas) de signaler à « des décideurs » le caractère original ou remarquable de telle station botanique afin de la préserver de tout aménagement ou destruction. Les conséquences de cette diffusion d'information ne sont pas neutres, tant pour la personne qui est à l'origine de la donnée que pour la plante découverte et son milieu.

Choisir de communiquer ses données

Il est généralement admis que faire connaître le fruit de ses observations de terrain permet non seulement de produire des connaissances nouvelles et intéressantes, mais aussi de faire valoir l'intérêt écologique ou l'originalité de certains secteurs (et par ce fait de les prémunir d'éventuelles destructions). Pourtant, lorsqu'un botaniste a découvert une station de plante « intéressante » (comme une espèce très rare et protégée dans la région, ou une plante que l'on croyait disparue depuis longtemps), le choix de communiquer largement cette information lui pose parfois des problèmes de conscience. En effet, d'aucuns savent que les lois protégeant les espèces animales et végétales sont mal acceptées du public et que certaines raretés protégées ont été volontairement détruites parce qu'elles gênaient des projets d'aménagement. Certains gardent en outre en mémoire les récits de pillage de stations de plantes rares par des collectionneurs peu scrupuleux.

Survient alors un dilemme : faut-il communiquer largement ses données ou faut-il les maintenir plus ou moins secrètes, en les réservant le cas échéant à un petit cercle de personnes de confiance et en tentant de trouver des solutions locales à la préservation des stations botaniques les plus remarquables ?

Cette question a par le passé traversé l'esprit de nombreux naturalistes ; il semble qu'aujourd'hui encore ceux-ci soient tiraillés entre la volonté de procéder à une communication plus ouverte des découvertes naturalistes et la peur de voir les objets de leur passion mis en danger ou détruits[113]. Selon la manière dont ils évaluent les avantages et les inconvénients, les risques et les bénéfices à divulguer le lieu d'une découverte, les botanistes font des choix différents. Entrent dans leurs calculs tant l'intérêt propre au découvreur à faire connaître ses découvertes, que celui des stations découvertes à être connues. Si le botaniste juge que la station ne court pas de risque et que sa diffusion pourra contribuer à améliorer les connaissances (tout en valorisant son savoir-faire), alors il s'engagera dans un processus de transmission en alimentant des bases de données communes ou en publiant sa trouvaille. Certains, par souci bienveillant de mettre les plantes rares qu'ils ont découvertes à l'abri de tout dérangement et de les prémunir de toute destruction, choisissent *a contrario* de ne pas communiquer leurs données. Ils prennent alors le risque d'être accusés d'individualisme (puisqu'ils ne font pas profiter les autres de leur découverte) ou de déraison (si l'on considère qu'il faut « connaître pour protéger »[114]). Qu'on le partage ou non, ce choix leur appartient ; il fait partie de la liberté fondatrice de l'engagement passionnel de tout botaniste.

Par ailleurs, décider de divulguer largement les résultats de ses recherches *in situ* conduit aussi, quand une plante a été vue sur un terrain privé et si la localité précise de celle-ci est publiée et pointée sur une carte, à avouer publiquement à la fois un tabou et le lieu du « crime ». Car pour pouvoir exercer leur passion avec toute la latitude souhaitée, les botanistes sont immanquablement amenés, à un moment ou à un autre, à enfreindre les règles de la propriété privée. Même si, en règle générale, grillages, clôtures et autres murs d'enceinte sont respectés, il arrive fréquemment que les limites non formellement marquées des terrains privatifs soient franchies, consciemment ou non. Cette conduite « secrète » est partagée

[113] Voir à ce sujet Alphandéry et Fortier (2013). À titre d'illustration, de vifs débats continuent actuellement d'animer la mise en place du Système d'information sur la nature et les paysages que le ministère de l'Écologie et le Muséum national d'histoire naturelle s'emploient à mettre en place pour rendre plus visibles les données naturalistes sur internet : certaines associations d'étude et de conservation de la nature hésitent à communiquer leurs informations, estimant ne pas avoir suffisamment de garanties concernant le respect des auteurs des données ou le bon usage des informations de localisation des stations « sensibles ».

[114] Slogan présent dans toutes les doctrines relevant de la protection de la nature depuis les années 1970.

par l'ensemble des naturalistes, qui la voient comme la condition *sine qua none* à l'exercice de leur passion et au respect de l'intérêt général que constitue l'engagement à connaître : demander systématiquement une autorisation aux propriétaires privés avant d'aller herboriser rendrait la pratique de la botanique en pleine nature et la progression du savoir naturaliste totalement impossibles.

Les enjeux de la communication

Ainsi, une « donnée » floristique, du point de vue du botaniste, n'est jamais un fait froid, lisse ou neutre. Le botaniste qui a recueilli cette donnée sur le terrain y a investi de sa personne, du temps, de l'énergie, souvent de l'argent[115]. Les conditions de la collecte ont pu être heureuses comme difficiles, en fonction des aléas du terrain ou de la météo, par exemple. Le souvenir de cette collecte peut raisonner avec les notions de désintéressement ou d'obligation (professionnelle en particulier), de légalité ou de transgression, de plaisir et de joie ou de risque et d'insécurité. La botanique, comme d'autres sciences naturalistes, constitue donc bien plus qu'un simple jeu ou qu'une discipline scientifique. Elle constitue un univers, un paysage dans lesquels l'engagement à mieux connaître fait partie intégrante de la passion. Se nourrissant d'observations objectives, elle est toujours fortement empreinte d'interprétation, de sentiments et d'émotions. Rien ne le dit dans la donnée « brute », mais le botaniste, lui, environne cette donnée par ces autres éléments, relevant du subjectif, de l'affectif. Ainsi, deux personnes ayant effectué la même observation botanique au même moment et au même endroit (donc ayant récolté la même donnée « objective »), pourront attribuer à l'observation une valeur affective totalement différente, selon l'investissement matériel, financier, mental et corporel qu'ils ont consacré à ce moment de terrain. C'est pour cette raison que les botanistes n'ont pas la même propension à partager facilement avec des tiers les résultats de leurs prospections de terrain.

Décider de communiquer le fruit de ses observations, c'est décider d'entrer en relation de travail, de coopération, d'échange avec d'autres

---

[115] Alphandery et Fortier (2013 : 216) parlent à cet égard de « *l'épaisseur humaine et historique de la donnée* », en soulignant en particulier l'ensemble des connaissances et des compétences acquises par l'expérience et mobilisées par les naturalistes dans la production de données.

botanistes ou d'autres scientifiques. Cela suppose alors qu'ait été établi un climat de confiance avec ces personnes dont il est attendu qu'elles comprennent la « charge » de ces données de terrain, voire qu'elles partagent l'engagement passionnel. Micoud et Dupré (cités par Matagne, 2006 : 427) ont montré que, d'une façon générale, le passage du savoir personnifié (observateur/données) au savoir standardisé par des « centres de calcul » est source d'une tension bipolaire mais que celle-ci peut se résoudre chaque fois que le profane est constitué comme un partenaire de la discussion et du traitement des données. La relation de confiance est vitale car, en faisant le choix de communiquer ouvertement les résultats de ses découvertes, le botaniste se dévoile : il se doute qu'entre les lignes de noms latins qu'il fournira, seront lues d'autres « données » (l'expérience du botaniste, sa capacité à déjouer les risques de confusion entre des espèces proches, son aptitude à l'inventaire de certains milieux difficiles ou méconnus...) ; il sait qu'au final, c'est sa crédibilité et sa compétence qui, d'une certaine manière, seront jaugées par ses pairs. Si rendre compte de ses observations permet de valoriser ses connaissances et sa personne, cela conduit aussi à prendre le risque d'être plus ou moins brocardé si l'on se trompe. Certains s'en moquent (« ça fait partie du jeu » disent-ils), mais pas tous.

Quoi qu'il en soit, pour toutes ces raisons, nombre de botanistes se refusent ainsi à être assimilés à de simples techniciens « producteurs de données ». Reconnaître une plante sur le terrain, lui donner un nom, analyser la portée de cette découverte engage certes une technique ; mais au-delà, c'est un savoir-faire plus global qui est en jeu, forgé dans la lenteur et la durée, par le travail et la persévérance. Or les savoir-faire et les pratiques sont des capacités personnelles, intériorisées, difficiles d'accès à qui n'en est pas porteur (Deforge *in* Chevallier (dir.) 1991 : 189)[116]. La reconnaissance de cette compétence incorporée qui permet au botaniste de comprendre un lieu, d'anticiper, de juger et *donc* de collecter des informations utiles à la connaissance de ce lieu, est essentielle à la création d'une relation de confiance entre le botaniste susceptible de donner « ses » informations et le chercheur ou l'institut qui ambitionne de les recevoir pour les utiliser.

---

[116] Pour Denis Chevallier, le savoir-faire doit être rapproché ici de la *mètis* des Grecs, « cette intelligence rusée (...) qui correspond à trois qualités mobilisées dans tout acte technique : la prévoyance, la prudence et la vigilance » (Chevallier, 1991 : 4). « Savoir faire » serait donc aussi anticiper le déroulement du processus : un « savoir prévoir » en quelque sorte.

En conséquence, si les amateurs ont une place assurée comme producteurs de connaissances scientifiques (Charvolin, 2009 : 146) et que nombre de passionnés coopèrent déjà avec des chercheurs professionnels, partager ses observations ne va pas toujours de soi. Mauz et Granjou ont montré dans une étude réalisée dans le sud de la France que des botanistes ont développé une certaine méfiance à l'égard des acteurs de la recherche scientifique, après avoir communiqué des données à des chercheurs qui n'ont pas toujours cité leurs sources dans les publications reposant sur ces données (Mauz et Granjou, 2011 : 125). Pourtant, les passionnés deviennent de plus en plus des acteurs à part entière de la recherche (Charvolin, 2009 : 154) ; leurs savoirs entrent dans le processus de fabrication des connaissances (Mauz et Granjou, 2011 : 122) et sont de plus en plus considérés comme complémentaires des savoirs académiques, en ce qu'ils portent précisément sur la relation à l'événement et au milieu, alors que « les *"objets de science" sont comme détourés de leur site d'apparition par l'investigation dans le cadre académique* » (Roux *et al.*, 2009 : 378).

Parmi les facteurs d'incitation des amateurs à contribuer aux progrès des connaissances floristiques, il en est un, majeur, que le célèbre botaniste Alexandre Boreau avait bien identifié, il y a 150 ans déjà, la reconnaissance :

> *C'est maintenant à la génération nouvelle qu'il appartient de compléter l'œuvre de ses devanciers. Que les jeunes berrichons, démentant la réputation d'apathie qu'on s'est plu à leur attribuer, entrent résolument dans la carrière : ils auront bientôt la satisfaction d'attacher leur nom à des découvertes nouvelles.*
>
> Alexandre Boreau (1864), cité par Candegabe et Bodin (2001 : 41).

Faire reconnaître ses compétences

Comme l'a montré Jacques Roux, ce qui est troublant dans les passions cognitives, c'est qu'il est difficile de dissocier d'un côté le sujet passionné (l'individu qui se prend de passion pour une activité, un domaine, une question), de l'autre le sujet passionnant (ce à propos de quoi se développe une passion) : le sujet passionnant (ici la connaissance des plantes) se révèle dans l'être passionné (le botaniste) et le sujet passionné se révèle dans la mobilisation que suscite le sujet passionnant (Roux *et al.*, 2009 : 375).

Ce mélange inextricable entre ce qui « fait » le botaniste et ce qu'il connaît ou ce qu'il a vu transparaît largement dans les écrits et les discours des botanistes où il est « naturel » de raconter (ses découvertes) et de *se* raconter (en détaillant les modalités et les conditions du travail de terrain).

Bromberger le disait déjà en 1998 en introduction de son recueil de travaux sur les « *passions ordinaires* » : il est dans la nature de la passion de se faire connaître et reconnaître, soit en s'épanchant tapageusement, soit en se suggérant plus discrètement. Un des plaisirs de la passion est d'en ressusciter les moments vifs, de discourir entre pairs de son objet, d'argumenter à l'infini sur ses richesses (Bromberger, 1998 : 30-31). Les rencontres entre botanistes passionnés sont l'occasion de partager des repas et autres moments de convivialité animés qui sont probablement insupportables à ceux qui n'ont pas le même engagement passionnel : les discussions s'apparentent à une mise en collection d'aventures de botanistes et d'informations techniques sur les plantes. La poésie et le calme de la nature, éléments pourtant fondateurs de l'engouement de chacun, sont alors gommés, oubliés pour un temps, non racontables. Tout se mélange, dans le plaisir de raconter et d'apprendre : récits joyeux (et un tant soit peu enjolivés) de découvertes, informations sur telle bizarrerie morphologique ou écologique, difficultés et dangers vécus sur le terrain, noms latins de plantes, noms de lieux, inquiétudes sur l'avenir de tel secteur ou de tel type de milieu... Chacun échange ses impressions, ses manières de comprendre le monde végétal. C'est une façon essentielle de partager ses connaissances, mais aussi de faire connaître l'étendue de son savoir et au final, d'être reconnu en tant que botaniste par ceux qui partagent la même passion. Par ces échanges, paraissant sans fin, ce sont les liens du groupe qui se retendent et se consolident, dans un désir de reconnaissance et une reconnaissance du désir de chacun (Giust-Desprairies, 2009 : 114).

La reconnaissance de la passion botanique par ceux qui s'y sont engagés se joue essentiellement sur le terrain du savoir-faire botanique (savoir où trouver les différentes espèces de plantes, savoir les chercher, les reconnaître et les identifier). Avec les jeunes apprenants, l'indulgence et la patience sont de règle car chacun sait que les débuts en botanique sont difficiles et que les erreurs de détermination sont inévitables. Petit à petit, il s'agit de faire ses preuves. Mais les botanistes confirmés, entre eux, ont parfois la dent plus dure : sous l'effet de l'émulation, voire de la compétition, les uns se jaugent et se critiquent, sous le regard parfois amusé des autres ; chacun s'auto-évalue, mesure les compétences de l'autre ; les fautes faites par les botanistes bénévoles semblent plus facilement pardonnées que celles des botanistes de métier.

L'expérience partagée de la passion est bien « *le lieu d'une mise à l'épreuve des statuts, des rôles, des métiers* » (Roux *et al.*, 2009 : 374).

Par ailleurs, indissociable de l'ensemble des systèmes de connaissances et de comportements auquel il est incorporé, le savoir-faire ne se transmet pas seul. L'apprentissage du savoir-faire est avant tout celui d'un « savoir-vivre » : « *il transmet tout à la fois : savoirs efficaces, sens et identité* » (Sigaut, cité par Chevallier, 1991 : 5). Ainsi, entrent également en jeu dans les processus d'acquisition du statut de botaniste un savoir-être où sont valorisées certaines qualités humaines et divers traits de caractères qui ont valeur de figures allégoriques : le goût pour une certaine camaraderie, un intérêt pour les « bonnes choses » à boire ou à manger[117], un certain humour, botanique bien sûr, parfois un peu grivois (dominance de la masculinité oblige[118]), et toujours très « spécialisé », comme en témoigne cet extrait de *L'immonde des plantes*[119], feuille de chou réalisée par des botanistes anonymes se définissant eux-mêmes comme « *d'indécrottables enfants attardés et mal élevés* » diffusée on ne sait vraiment à qui dans le réseau des passionnés de botanique, qu'ils soient professionnels ou non :

Quelques descriptions de plantes nouvelles pour la France :

- Laryx vagalis*, Mélèze vagal : planté dans les parcs et les hôpitaux et tend à se répandre, propagé par le corps médical qui semble y voir une source de revenus selon les mauvaises langues.*
- Brassica pinetta*, le Chou pinette : plante de petite taille, délicate, à fleurs rose bonbon et à feuilles finement dentelées.*
- Carex vitrinam*, Laîche vitrine : annuelle présentant deux pics de*

---

[117] Dans les comptes rendus d'excursions rédigés par les secrétaires des sociétés savantes du 19e et du 20e siècles, on découvre ainsi les botanistes comme des hommes érudits, à la fois courageux et bons vivants, adeptes des aventures en plein air, des discours savants, des bonnes blagues et des bonnes tables (les menus au restaurant sont rapportés dans le détail sans omettre de préciser la qualité des vins bus !).

[118] Plusieurs auteurs rapportent l'existence de traits d'humour grivois dans certains milieux professionnels ou de passionnés. Voir par exemple les travaux de la sociologue Emmanuelle Zolesio, concernant les milieux chirurgicaux : selon Zolesio, la surenchère dans l'humour grivois est une des modalités pour s'imposer dans les milieux virils (Zolesio, 2009 - « Chirurchiennes de garde » et humour « chirurchical ». Posture féminine de surenchère dans l'humour sexuel et scatologique », dans la revue ¿ Interrogations ?, n° 8. Formes, figures et représentations des faits de déviance féminins, juin 2009 [en ligne], http://www.revue-interrogations.org/Chirurchiennes-de-garde-et-humour - Consulté le 16 août 2014).

[119] En référence à la très ancienne et reconnue revue de botanique *Le monde des plantes*.

croissance, l'un en hiver au cours du mois de janvier, l'autre au début de l'été. Strictement liée aux milieux urbains.

Eric Asset[120]

La clé de compréhension de ces blagues est encore une fois la maîtrise de la discipline et en particulier de la nomenclature : ainsi, pour « apprécier » totalement les pseudo-définitions proposées par le botaniste Eric Asset[121], il est préférable de savoir que *Laryx* est le nom latin du mélèze, *Brassica* celui du chou et *Carex* celui des laîches. Ces jeux verbaux, existant dans tous les domaines et les métiers où la passion est en jeu[122], font partie de l'univers des naturalistes. La disposition à comprendre et à partager le vocabulaire technique et l'humour de « spécialistes » qui s'y greffe fait partie des modes de reconnaissance d'un statut de « connaisseur », par delà les clivages habituels amateurs-professionnels. Elle permet d'adopter une posture commune à tous ceux qui partagent cette connaissance et cette passion. Cela contribue ainsi, d'une certaine manière, à jeter des ponts entre amateurs et professionnels.

Cependant, même lorsque le statut de « connaisseur » lui est reconnu, le botaniste exerçant sa passion à titre personnel ou hors des cadres de la science académique, n'en est pas pour autant reconnu en tant que scientifique. Comme l'a montré Charvolin (2009 : 153), les amateurs passionnés sont encore très largement disqualifiés scientifiquement par les professionnels des laboratoires de recherche, au nom de la passion qui les anime, passion incompatible aux yeux des chercheurs avec la production de données rationnelles et rigoureuses. La tension bipolaire entre scientifiques ou « simples » curieux (Matagne, 2006 : 425) est bien palpable, en dépit des travaux montrant l'apport de connaissances scientifiquement recevables par des amateurs passionnés (Charvolin, 2009 : 146). En effet, une science comme l'écologie – faisant appel à de nombreuses informations naturalistes – dépend de manière croissante de personnes extérieures aux universités n'ayant pas le statut officiel de chercheur ; comme d'autres sciences naturalistes, elle ne peut se passer d'un grand volant d'amateurs, répartis et disséminés sur le territoire pour atteindre une masse critique (Charvollin, 2009 : 147 ; Mauz et Granjou, 2011).

---

[120] *L'immonde des plantes.* Numéro 2. 2014, 8 p

[121] La signature complète de « l'article » est en fait « Eric ASSET, Impasse des callunes - F88600 BRUYÈRES », ce qui ne manquera pas de faire sourire ceux qui savent que les Ericacées regroupent la famille des bruyères).

[122] Pierre Perret en a fait un livre : *Le parler des métiers* - Dictionnaire thématique alphabétique. Paris : Robert Laffont. 2002, 1170 p.

Mais il est vrai que le fait que les organismes de formation scientifique n'enseignent quasiment plus aujourd'hui la botanique de terrain en France[123] et que par conséquent, aucun diplôme national de botaniste ne soit délivré (pas plus que d'ornithologue ou d'entomologue) peut poser un problème de reconnaissance du statut de botaniste en tant que chercheur scientifique. La plupart des passionnés de nature semblent peu s'en soucier, mais Robert, botaniste chevronné, autodidacte, grand connaisseur des plantes de sa région, se questionne quant à son positionnement au sein du monde scientifique :

> *D'abord est-ce que je peux me prétendre botaniste (rires) ? Ben j'ai pas fait d'études hein ! (...) On peut connaître plein de choses et pas être reconnu... Et l'inverse : quand tu vois comment parlait [un scientifique universitaire se disant botaniste]... qui se trompait tout le temps... Ben tu peux te dire, dans ces conditions je suis pas un botaniste, je suis pas un scientifique... Bon, voilà. Moi, je suis un botaniste sans diplôme !*

Philippe va plus loin encore : pourtant capable de reconnaître et de rechercher dans leurs habitats plus de 1200 espèces différentes de plantes sauvages, doté de connaissances nombreuses sur la flore de son département ainsi que de capacités incontestées d'analyse et de raisonnement, de rigueur et de logique, il se refuse la qualification de botaniste, jugeant ne pas être assez « intellectuel » pour être un « vrai » scientifique :

> *C'est le côté un peu scolaire que j'ai pas du tout ; j'ai pas fait de biologie, je suis un peu autodidacte, tu vois... Donc je ne me suis jamais considéré comme botaniste...* [Un botaniste ?] *(...) c'est quelqu'un qui doit être à même de se servir de beaucoup d'outils... qui doit savoir faire de l'ordinateur (rires)... Alors, est-ce que c'est un scientifique ? J'aurais tendance à dire non, moi... Mais après, (...) si on parle d'un botaniste de laboratoire, ben oui j'ai envie de dire c'est un scientifique. Mais le gars (...) qui va faire du terrain, c'est pas un scientifique. À moins qu'il ait des comptes rendus à... ça va dépendre du type de comptes rendus qu'il a à rendre... Quelque part, ça passe par l'intellect et l'écriture, la science...*

Convaincus de contribuer à l'amélioration des connaissances scientifiques, certains perçoivent l'intérêt, pour eux-mêmes et pour la discipline qu'ils défendent, de se rapprocher du monde de la recherche

[123] Quelques rares formations diplômantes existent dans certaines régions, comme en Picardie où l'université d'Amiens a mis en place, en partenariat avec la Société botanique de France, un diplôme universitaire de botaniste (120 heures d'enseignement).

académique en adoptant ses codes de reconnaissance. C'est ainsi que l'enjeu de la publication devient important, pour les botanistes professionnels ne travaillant pas dans des organismes de recherche, comme pour les autres passionnés désirant transmettre leurs savoirs et/ou en recherche de reconnaissance. Être précis dans ses descriptions, montrer que l'on a travaillé son sujet, apporter des informations nouvelles et utiles constituent autant d'exigences pour celui qui décide de divulguer publiquement les résultats de ses recherches personnelles. Il en va de sa crédibilité et de son statut public de botaniste.

Publier ses découvertes

L'émergence de l'auteur en science est contemporaine de l'apparition des sociétés savantes et des premières revues qui se développent à partir de 1665 (Pontille, 2006 : 12). Un chercheur échange ses apports en connaissance (la valeur scientifique produite) contre différentes formes de valeurs sociales (postes, prix honorifiques, instruments, financements...). L'authorship scientifique est fondé sur cette circularité (*op. cit.*). Ceux qui pratiquent et vivent la botanique avant tout comme une passion de plein air n'accordent pour la plupart qu'une attention toute relative à la synthèse et à la transmission écrite de leurs savoirs. Rousseau en son temps semblait lui aussi négliger cet aspect du porter à connaissance, faisant même état d'un certain mépris pour ceux qui s'y employaient :

> *Il y a dans cette oiseuse occupation* [la botanique] *un charme qu'on ne sent que dans le plein calme des passions mais qui suffit seul alors pour rendre la vie heureuse et douce ; mais sitôt qu'on y mêle un motif d'intérêt ou de vanité, soit pour remplir des places ou pour faire des livres, sitôt qu'on ne veut apprendre que pour instruire, qu'on n'herborise que pour devenir auteur ou professeur, tout ce doux charme s'évanouit, on ne voit plus dans les plantes que des instruments de nos passions, on ne trouve plus aucun vrai plaisir dans leur étude, on ne veut plus savoir mais montrer qu'on sait, et dans les bois on n'est que sur le théâtre du monde, occupé du soin de s'y faire admirer.*
>
> Jean-Jacques Rousseau[124]

Bien que la rédaction d'articles à caractère scientifique ne semble pas la priorité de certains amateurs, la publication d'un article de botanique est la

---

[124] Rousseau J.-J., [1776-1778] 2012 (*op. cit.* : 133).

marque du franchissement d'une étape dans l'affirmation de sa compétence. Jean « ne se sent pas » de rédiger des synthèses de ses découvertes mais quand son nom est cité dans un article, associé à celui d'une espèce nouvellement découverte, il s'avoue content et fier. Il a aussi une grande admiration pour ceux qui « ont écrit des bouquins ». Pour lui, comme pour Georges et d'autres encore, un grand botaniste, c'est quelqu'un qui « a des connaissances », qui « connaît plein de choses » et qui a fait œuvre de productions scientifiques importantes. Au vu de ces « modèles » très académiques, publier selon les canons de la littérature scientifique ne semble pas à la portée de tous. Quand on demande par exemple à Georges s'il aime publier les résultats de ses recherches, il hésite, doutant de sa légitimité et de sa capacité à adopter les codes très standardisés des publications scientifiques :

> *J'aime bien* [écrire des articles], *j'ai bien aimé. J'en fais moins parce que... disons, c'est pas très scientifique ce que je fais... Comment dire ça... c'est des descriptions un peu passe-partout quoi... Ce que j'aime bien faire, c'est des comptes rendus. Un des derniers articles que j'ai fait, c'était en compagnie de* [un autre botaniste]. *C'était un peu approximatif (...) et monsieur X* [responsable de la publication de la revue] *nous a pas mal tarabustés...*

Danielle, elle, a choisi une autre voie, plus personnelle, celle de la publication de ses trouvailles et de ses réflexions sur la taxonomie de certains groupes de plantes difficiles à déterminer. Naturaliste chevronnée, elle pratique une botanique de haut niveau, à la recherche permanente de la nouveauté et de l'inédit : recherche de plantes rarissimes considérées comme méconnues voire disparues, description de nouvelles plantes, tel est son crédo. Au printemps, elle est de toute les sorties et après la saison de terrain, elle n'arrête pas, consultant les flores, se renseignant dans la bibliographie, échangeant avec les plus « grands », en anglais s'il le faut. Ses publications contribuent sans conteste à l'avancée des connaissances. Elles constituent aussi une manière d'affirmer, auprès de la communauté scientifique son statut de « vraie » botaniste, en dépit de sa non-appartenance à un organisme scientifique « officiel ».

Bien que minoritaire, le cas de Danielle illustre les propos de Jacques Roux selon lesquels de nombreux amateurs, engagés par passion dans un processus de familiarisation et de maîtrise d'un domaine, entrent en relation de travail et de connivence avec des chercheurs professionnels et des modèles d'interprétation qui ressortent de la science académique (Roux *et al.,* 2009 : 381). Dans ces moments de travail en commun, la passion commune, directrice des échanges, constitue la toile de fond qui permet de mettre en valeur le contraste des différences d'expérience.

Dans cette perspective, les professionnels et les amateurs passionnés, dès lors qu'ils partagent cet engouement pour les sciences de la nature et du terrain, cette passion pour l'étude et la compréhension *in situ* des plantes et de leurs milieux, peuvent être décrits comme porteurs des mêmes qualités. Ils ne se différencient les uns des autres que par degrés : degrés de formation, de temps consacré à leur passion, de continuité des investissements, de régularité, de niveau d'engagement. S'il y a une différence de degré, il n'y a pas de différence de nature. Car en réalité, nous allons le voir, les passionnés de botanique, quels que soient leurs statuts et leurs compétences, partagent les mêmes motivations, les mêmes visions du monde.

Photo Hermann Guitton (CBN de Brest), 2007.

Motivations et visions du monde

En survolant brièvement l'imaginaire collectif concernant les botanistes, nous avons pu constater que ces passionnés offrent au citoyen ordinaire une image totalement brouillée de leur identité, résultant de l'évocation de plusieurs figures stéréotypées qui se mêlent les unes aux autres pour constituer un assemblage trouble voire totalement opaque. Tantôt vus comme des personnes naïves mais attachantes (la figure de l'esthète et du moine herboriste) ou comme des scientifiques égocentriques et ne se plaisant qu'en bonne compagnie (la figure du savant du 19e siècle) ; tantôt endossant le costume chevaleresque de l'aventurier prêt à affronter la planète et ses dangers pour de nobles causes (la figure de l'explorateur) ou dissimulant sous leurs savoirs encyclopédiques une quelconque aptitude à la manipulation voire à la magie (la figure du sorcier), les botanistes apparaissent aussi parfois comme d'intraitables experts contrariant l'aménagement des espaces dits naturels, élites complices du législateur et du prescripteur (l'expert écolo).

Ces stéréotypes sont-ils totalement faux ? Je ne le crois pas. Ils ont leurs raisons que nous allons essayer maintenant de comprendre, en partant des éléments descriptifs qui ont été donnés précédemment, lors de notre rapide parcours du temps cyclique des botanistes. Il nous faut maintenant nous demander quelle vision du monde ont ces gens finalement, comment ils la présentent aux autres et pourquoi ils renvoient ces images disparates et confuses. Qu'est-ce qui les pousse à passer des heures le regard vers le sol ou la loupe rivée à l'œil, dans des espaces que la majorité délaisse ? Le motif avoué de leur passion est la connaissance, le plaisir et le besoin de *savoir*, de *connaître.* Mais au-delà du discours, quelles sont les motivations profondes de ces comportements hors normes et qui laissent perplexes la plupart de ceux qui n'éprouvent pas pour la nature cet attrait presque irrépressible. Si l'on considère que « *l'ethnologie reste la discipline à laquelle revient de droit la tâche d'identifier les excuses spécifiques adoptées par chaque culture pour légitimer le comportement arbitraire qui est le sien à l'égard de l'univers* » (Dalla-Bernardina, 1996 : 141), alors il faut aller plus loin que le simple exercice descriptif auquel je me suis livrée jusqu'à présent et essayer de démasquer le sens de cette passion.

Pour comprendre la nature des stéréotypes de l'Autre, il est nécessaire de tenir compte des représentations collectives que les membres d'une collectivité ont d'eux-mêmes (Berting J., *in* Ollivier B. (coord.), 2009 : 63). Pour cet auteur, « *toute identité collective suppose (...) une conscience collective, un sentiment d'appartenance et parfois l'idée d'une mission à accomplir* ». L'identité est toujours une construction, une représentation de soi, des autres et des relations que « nous » avons avec « les autres », c'est-à-dire ceux qui ne partagent pas la même identité (Ollivier B., *in* Ollivier B. (coord.), 2009 : 23). La recherche des stéréotypes portés par les propres membres du groupe est donc l'une des voies – que je m'emploie à suivre ici – permettant de saisir (ou du moins de s'en approcher) « l'identité collective » du groupe, la vision « du dedans » de ses propres modes de vie. Tous les groupes, quels qu'ils soient, se constituent autour de figures stéréotypées particulières qui idéalisent en même temps qu'elles concrétisent l'appartenance des membres au collectif : ces fantasmes conventionnels (Dalla-Bernardina *in* Bromberger 1998 : 390) sont des éléments fondateurs des groupes et permettent le sentiment d'appartenance. Les botanistes n'y échappent pas : que ce soit lorsqu'ils expliquent leurs pratiques ou quand ils racontent leur passion, ils se réfèrent, souvent sans s'en rendre compte[125] à des figures classiques dont la plupart se retrouvent dans l'abondante littérature naturaliste produite depuis le 18e siècle, mais aussi, nous allons le voir, dans d'autres univers.

Les figures classiques de l'univers du botaniste

La nature n'est pas à vendre

> *La cellule verte, estomac d'une miraculeuse puissance, digère le charbon, s'abreuve d'air et d'eau ; et de ces trois choses, dont tout autre qu'elle ne voudrait pas, compose le brin d'herbe, qui transmet au mouton l'eau, le charbon et l'air groupés désormais sous forme nutritive. (...) Le mouton reprend en sous-œuvre la préparation*

[125] Pour les membres d'un groupe, il n'y a pas de différence entre les représentations collectives (les stéréotypes) et la réalité sociale vécue (Berting J., *in* Ollivier B., 2009 : 63).

fondamentale de la plante, l'améliore un peu, à peine, et s'en fait de la chair, qui finalement, par une retouche des plus simples, devient chair d'homme ou chair de loup suivant le consommateur. Dans cette succession de mangeurs et de mangés, à qui le travail le plus méritoire ? (...) La plante seule puise à la source première. Elle mange l'immangeable (...) et, par un travail transcendant, [le] *convertit en substances alimentaires dont l'animal doit hériter. C'est donc la plante, en définitive, qui (...) tient table ouverte aux populations de la terre.*[126]

La pensée occidentale dominante qui traverse le Moyen Âge et les temps modernes est celle d'une nature créée pour l'homme et ordonnée pour répondre à la satisfaction de ses besoins (Cormier-Salem *in* Gauthier-Clerc *et al.*, 2014 : 95). Cette vision anthropocentrée de la nature, terre nourricière, support de ressources à faire fructifier, a été relayée par les milieux scientifiques qui nous ont appris que les sols et les plantes sont le support de toute vie sur terre et qu'ils sont indispensables aux besoins de l'espèce humaine. Ce postulat est incorporé comme une évidence chez nous tous, y compris chez les botanistes. « *Sans les plantes, on n'est rien* », dit Jean, botaniste et agriculteur. Tout le monde le sait : la plante fournit l'oxygène dont nous avons besoin, elle nous nourrit, nous soigne, nous habille, orne nos jardins et « décore » le paysage. Ses amoureux diront d'elle qu'elle est à la fois une usine, une machine ingénieuse, une magicienne. Pour mieux convaincre ses concitoyens des talents cachés et de l'utilité sociale des plantes, Jean-Marie Pelt rappelle ainsi que « *ce ne sont pas les menuisiers qui ont inventé le bois, mais les fougères* »[127].

Pourtant, nombre de naturalistes semblent rechigner à user de ce type d'argument utilitariste, souhaitant rompre avec la pensée dominante selon laquelle le rôle de la nature est de servir les besoins de l'humanité. Car c'est cette pensée qui, depuis des siècles, a conduit l'homme à la destruction massive des milieux dans l'ancien monde comme dans les lieux nouvellement colonisés[128]. Le développement de l'agriculture est d'abord une conquête de l'espace et une domestication de mécanismes naturels, réalisées, au mieux, avec indifférence vis-à-vis de cette nature (Mesléard et Alard *in* Gauthier-Clerc *et al.*, 2014 : 69). Forts de cette prise de conscience, de nombreux naturalistes du 21e siècle affirment désormais une rupture

---

[126] Fabre J.-H., [1876] 1996 - *La plante. Leçons à mon fils sur la botanique.* Toulouse : Privat. p. 205.
[127] Pelt J.-M. et Cuny J.-P., 1981- *La prodigieuse aventure des plantes.* Paris : Fayard. p.18.
[128] Diamond J., 1997 – *Guns, germs and steel. The fat of human society.*New-York, Norton (cité par Gauthier-Clerc *et al.*, 2014 : 69).

avec leurs illustres prédécesseurs qui, tel Buffon, trouvait « *la nature brute hideuse et navrante* » (Buffon, 1756)[129], lui préférant le modèle de la « *belle nature* » formé par la plaine céréalière, paysage ouvert, fertile, peuplé, sans aspérités. Citons encore Jean-Henri Fabre, naturaliste hors pair qui, en cette fin du 19e, voulant stopper « *l'ennemi* » dunaire « *s'avançant irrésistible avec une régularité impitoyable, gagnant chaque année près de vingt mètres sur les terres cultivées* », préconisait d'enrésiner ces sables mobiles afin de mettre fin aux « *ravages des dunes* » et de créer « *de vastes forêts à revenus considérables* »[130]. Changement d'époque, changement de paradigme, je ne connais aujourd'hui aucun botaniste qui approuverait de telles propositions ou qui verrait en la nature quoi que ce soit de hideux ou de navrant.

Pour nombre d'entre eux, s'il est évident que les plantes et leurs habitats rendent des services, il ne faudrait pas en conclure pour autant qu'ils sont *au service* de l'homme ; en tous les cas, pas plus au service de l'homme qu'à celui de tous les autres êtres vivants avec lesquels ils entrent en interaction. Les milieux « naturels » sont le théâtre d'un immense réseau d'interrelations entre la faune, la flore et les éléments du milieu ; ce réseau est le fruit d'un long processus de construction qu'il est, pour les naturalistes, impossible et moralement inacceptable de chiffrer : la nature ne saurait être une vulgaire marchandise, elle n'a pas de prix. Car si par nécessité elle constitue une ressource à exploiter, elle est aussi et avant tout une source à ménager, à comprendre et à admirer.

La condamnation de la vision instrumentale de la nature qui fait de celle-ci un ensemble de moyens à la disposition des besoins ou des désirs humains[131] se manifeste de diverses manières. Parmi les plus connues du public, figurent les discours militants et les actions de protection de l'environnement[132] visant à soustraire du champ de la commercialisation de

---

[129] Cité par Cormier-Salem, *in* Gauthier-Clerc *et al.*, 2014.

[130] Fabre J.-H., [1876] 1996 - *La plante (op.cit.)* : 113.

[131] Sur ce sujet, voir l'analyse de Jean-Pierre Pierron (Pierron J.-P., 2013).

[132] C'est à la fin du 19e et au début du 20e siècle que sont nées dans divers pays les premières associations de défense de la nature (Mesléard et Alard in Gauthier-Clerc *et al.*, 2014 : 70). Leur fondement a trouvé appui, notamment, sur le livre *Fundamentals of ecology* des frères Odum dont la première édition date de 1953 et qui a bénéficié d'un large écho dans la communauté scientifique. Constituant une référence dans les milieux de l'écologie scientifique, la thèse des frères Odum, en prônant la capacité d'autorégulation des écosystèmes et la notion d'équilibres naturels, sous-tendait une protection des écosystèmes régie par un principe de naturalité et les flux d'énergie, excluant, si possible, les activités humaines (*op. cit.* : 78).

la nature certains espaces dits « à forte valeur patrimoniale ». Certains discours, plus allusifs, consistant à exclure du champ de la botanique les études et expériences végétales à vocation utilitaire (et par là même leurs protagonistes : herboristes et horticulteurs notamment[133]) ont la même visée :

Les herboristes, c'est autre chose, c'est de la cueillette. Bon c'est sûr qu'ils ont un certain savoir. Les plantes qu'ils recherchent, ils les connaissent ; mais le but recherché c'est pas le même. (...) C'est pas le même monde. Eux, c'est pour se servir des plantes... parce qu'ils ont un intérêt. Alors que quand t'es un botaniste t'as pas cet intérêt-là. C'est pas pour en faire l'usage, c'est plutôt pour connaître, pour protéger.

Robert

Parce qu'ils considèrent que la nature « donne » pour elle-même et non pas forcément pour l'homme, les botanistes attribuent à chacune des espèces qu'ils connaissent une valeur intrinsèque, en dépit de leurs éventuelles propriétés médicinales, alimentaires ou esthétiques. Cette façon de voir renforce (ou fonde ?) l'idée d'une nature qui se définit par son opposition aux valeurs de la société des hommes ; une nature où rien n'est à vendre, rien à acheter, un monde gouverné par des lois antithétiques au regard de celles en vigueur dans la vie de tous les jours (Dalla-Bernardina, 1996 : 87), un monde idéalisé où la gratuité et le désintéressement seraient la règle.

Moi, je cherche pas à savoir si la plante est comestible ou pas. C'est vraiment pas mon truc. Si je le sais tant mieux, c'est intéressant, mais c'est pas mon truc, je vais pas chercher à me renseigner là-dessus. Ça me branche pas. Moi c'est la curiosité.

Igor

Allégorie ou réalité, ces façons de dire et de faire expriment aussi une sorte de remords, un regret de voir la botanique se faire parfois complice du discours dominant visant à « valoriser » et à légitimer chaque jour davantage la consommation de la nature. En homologie avec l'objet de la passion, le botaniste défend son désintéressement et son détachement des bassesses du monde civilisé :

Ce que je fais, mais ça sert à rien, je... Si y'a une plante que je veux examiner plus particulièrement, ben je la mets sous la bino, et je note tout ce que je peux. Je mesure les pièces florales... Je refais une

[133] Ceux que Linné appelait avec un certain mépris « les botanophiles » (Matagne 1999).

> *description et je garde ça dans un cahier. Mais c'est en vrac hein, comme je fais moi... Je peux avoir dix cahiers commencés hein (rires). Mais c'est tout.*
>
> Igor

Cette éthique environnementale et ce sentiment d'une nature belle et insoumise n'est pas sans rappeler celle développée par des artistes, des philosophes et des praticiens de la nature, au premier rang desquels Jean-Jacques Rousseau ou Henri-David Thoreau[134].

La nature est une œuvre d'art

> *J'aime bien les lamiacées. Ce sont des plantes qui ont des fleurs sympas, comme les orchidées d'ailleurs, mais qui ont des parfums. Souvent, y'a beaucoup de plantes parfumées dans ces familles-là, comme dans les ombellifères. J'aime bien les ombellifères aussi. Et les scrophulariacées. Les crucifères, je les aime moins.*
>
> Léon

Hadot oppose trois démarches différentes dans l'approche de la nature. La première correspond à la perception quotidienne, régie par nos habitudes et par l'orientation de nos intérêts (l'homme regarde ce qui lui est utile) ; la seconde concerne le monde de la connaissance scientifique, utilisant les méthodes de la science et de la technique ; la troisième, enfin, relève de la perception esthétique, dans la mesure où l'art pourrait être considéré comme un mode de connaissance de la nature (Hadot, 2004 : 219).

Les botanistes sont d'impressionnants classificateurs, certes. Cela signifie-t-il pour autant qu'ils soient des êtres froids et insensibles comme les casiers et les bases de données dans lesquelles ils rangent les plantes qu'ils étudient ? Loin s'en faut. « *Contempler l'univers avec des yeux d'artiste* », disait Bergson (cité par Hadot, *op. cit.*) ; ne plus percevoir les choses d'un point de vue utilitaire mais les voir pour elles, pour le plaisir, c'est à la base l'un des principaux moteurs de la passion botanique. Pour eux, c'est une évidence : la nature est belle, merveilleuse même, quand on l'observe dans ses plus petits détails, incroyablement « *bien faite* » comme

---

[134] Voir notamment Thoreau H-D, [1854] 1990 – *Walden et la vie dans les bois*. Paris : Gallimard. 332 p.

dit Elsa, confinant même au « chef-d'œuvre »[135]. Même si elle est de plus en plus dissimulée, sous couvert d'objectivité, par le discours souvent aride que les botanistes ont appris à construire avec le temps, c'est bien à la base l'émotion esthétique qui, avec le goût du savoir, conduit et dirige la passion. Ainsi, sans le latin et les termes techniques, on pourrait presque croire que cette description est le fait d'un amateur de peinture, relevant, mais sans le dire ainsi, la grâce du tableau et la beauté des pigments :

> *Cette association [végétale] se présente comme un voile de pleustophytes, dominé par* Lemna gibba, *s'associant parfois à* Spirodela polyrhiza *et* Lemna minor. Lemna gibba *possède des cavités aérifères qui lui permettent de flotter légèrement au-dessus des autres espèces (...). Cette végétation (...) forme un voile flottant de couleur verte au début du printemps, qui rougit parfois à l'automne, du fait de la production de pigment.* [136]

Citons encore, à titre d'exemple, cette représentation de la végétation littorale, véritable condensé de termes empruntés au lexique d'un couturier de luxe :

> *Vers le sommet des plateaux (...) devraient exister (...) des fougeraies-ourlets à* Hyacinthoides non-scripta *et à* Silene dioica *(...). Sur les affleurements rocheux, les groupements crassulescents (...) accompagnés d'un cortège d'espèces annuelles du* Thero-Airion *étaient certainement présents, tandis que les draperies de Lierre (...) se déroulaient sur les parois de pierre en mosaïque avec les associations lichéniques (...). Ici, c'est une pelouse rase (...) codominée par les coussinets d'*Armeria maritima *et les rosettes de* Plantago coronopus, *habituellement piquetée d'*Euphorbia portlandica *et parsemée de diverses espèces éparses, qui se développe. [Maintenant], les voiles thérophytiques sont devenus davantage nitrophiles (...). Les grands ourlets en nappe de* Silene vulgaris *des pierriers sont totalement disparus (...). Surchargées d'oiseaux de mer, les pentes raides de cette partie de l'île apparaissent dénudées, ne gardant par places qu'un maigre pointillé disjoint de pelouses à* Armeria maritima.[137]

---

[135] Jean-Henri Fabre, dans *La plante* (*op. cit.* : 117) décrit sous ces termes le bourgeon : « *Sous sa modeste apparence, vous le reconnaîtrez avec moi, le bourgeon est un chef-d'œuvre : son vernis repousse l'humidité, sa doublure de bourre, d'ouate, de poil follet roux, empêche l'accès du froid* ».

[136] Cochard A. et Guitton H., 2014 – Sortie phytosociologique sur les végétations du lit mineur de la basse vallée de la Loire. *ERICA*, 27. Brest : Conservatoire botanique national de Brest : 57-68.

[137] Géhu J.M. et Géhu-Franck J., 1991 – Vicissitudes du tapis végétal d'une île bretonne (Cézembre en Saint-Malo, Ille-et-Vilaine) sous l'effet du dérèglement des pressions humaines et animales. Royan : *Bulletin de la S.B.C.O.*, N.S., tome 22 : 53-76.

Le sentiment d'émerveillement et d'admiration qui naît de la contemplation d'un paysage, d'une communauté végétale ou d'une plante se rencontre ainsi au détour de toutes les conversations des botanistes et dans de nombreux écrits.[138] Et quand le botaniste assume sa part de subjectivité et d'émotion artistique, il se fait poète, tel Igor s'essayant aux haïkus en évoquant « le regard bleu des myosotristes » ou comme Henri Lecocq, ce botaniste auvergnat « officiellement » désigné « *lettré et artiste* » qui « *ne se contente pas d'étudier les plantes, [mais qui] raconte ses herborisations et en décrit amoureusement le charme* » [139] :

> *« Rien n'est plus pittoresque que de traverser la nuit un bois de sapins disposé en amphithéâtre… Impossible de décrire les magnifiques effets de lumière de la lune… Tous les objets avaient perdu leurs formes et leurs dimensions, tout était illusion… »*

Dès 1750, le philosophe Alexander Baumgarten, dans son *Aesthetica,* affirmait qu'à côté d'une « vérité logique » de la nature, il y avait place aussi pour une « vérité esthétique » (Hadot, 2004 : 221). Consolidant cette idée plus tard, Kant explique dans sa *Critique de la façon de juger,* que pour percevoir « l'océan comme sublime », il ne faut pas le regarder dans une perspective scientifique, mais il faut parvenir à le voir « *comme le font les poètes, uniquement ce qu'il montre à l'œil, lorsqu'il est contemplé, soit au repos, tel un miroir d'eau, qui n'est limité que par le ciel, soit lorsqu'il est agité comme un abîme menaçant de s'engloutir* » (*op. cit.*). Ainsi, le plaisir, l'émerveillement devant la beauté (mais aussi la peur de les perdre), sont l'un des leviers de la passion pour la nature ; c'est ce que racontent les botanistes et c'est ce que dit Kant :

> *J'adore les montagnes, c'est les paysages je pense… C'est coloré, c'est euh… c'est beau ! Cette année dans les Alpes, j'ai trouvé une nouvelle station d'*Epipogium aphyllum, [une orchidée]… *C'est un peu comme le monotrope mais c'est un peu plus coloré ; c'est rose et jaune… jaune sale… très joli (…).*
>
> Elsa

---

[138] On pourra remarquer que dans les revues à caractère scientifique (notamment celles concernées par l'*« impact factor »*), cet aspect de l'esthétique de la nature est en général passé sous silence (tout au plus suggéré pudiquement) : la subjectivité n'a pas bonne presse dans la littérature objectiviste.

[139] Guitard E-H, 1961 – Henri Locoq, botaniste… et poète de l'Auvergne : Jean Godonnèche, *in Bulletin de l'Académie des Sciences, belles-lettres et Arts de Clermont-Ferrand*, 1960. *Revue d'histoire de la pharmacie*, 1961, volume 49, numéro 168.

Celui qui, dans la solitude (et sans l'intention de vouloir communiquer à d'autres ses observations), contemple la belle forme d'une fleur sauvage, d'un oiseau, d'un insecte, etc. afin de les admirer, de les aimer (...), celui-là prend un intérêt immédiat à la beauté de la nature.

Emmanuel Kant [140]

C'est ce qu'exprime aussi, plus près de nous, Mathieu, racontant l'émotion provoquée par la contemplation de certaines plantes ; émotion le conduisant même à des considérations métaphysiques que d'autres, avant lui et encore aujourd'hui ont approchées, publiquement ou secrètement :

[Les graminées], quand on les regarde de près, (...) elles sont magnifiques. Tu vois par exemple une Avenula, *quand tu prends la peine de regarder les arêtes qui sont torsadées... même un bijoutier, il ferait peut-être pas aussi bien. Et du coup après, on se pose même des questions... c'est tellement bien façonné, tellement bien créé... qu'après... c'est presque des questions métaphysiques ; tu te dis mais qui est-ce qui a créé ça ? Est-ce que c'est quelqu'un qui s'est fait plaisir ou quoi ? (rires).*

Mathieu

La nature est un patrimoine à respecter, un legs à transmettre

Comparer les plantes à des œuvres d'art n'a rien de neutre. Une œuvre d'art est en effet une *création,* l'artiste le créateur. Quel est donc le créateur de la nature ? Qu'on évoque Dieu (ou son fameux protégé Noé), qu'on parle de « Dame Nature » avec un grand N, ou d' « ineffable Puissance », le sentiment de religiosité inspiré par la nature n'est pas nouveau, y compris chez les scientifiques :

La jeune plante se comporte comme si elle savait discerner et choisir, comme si elle reconnaissait la branche, où doit plonger la racine, et l'air, et où la tige doit aller. (...) Par des moyens qui resteront, à tout jamais sans doute, le secret de l'ineffable Puissance veillant aux destinées de la création, les plantes discernent les milieux où elles doivent habiter.

Jean-Henri Fabre [141]

---

[140] Kant, *Critique de la faculté de juger*, [1790], trad. Philonenko, Vrin, 1965, p. 56 (cité par Hadot 2004 : 222).
[141] Fabre J.-H., [1876] 1996 - *La plante (op. cit.*) : 90.

Quelles soient associées au sentiment religieux ou non, c'est probablement l'émotion esthétique qui, combinée à une fine connaissance technique des plantes et de leurs milieux de vie, entraîne ce sentiment d'admiration, d'affection et de proximité qui, *in fine,* finit par provoquer chez tous, croyants comme athées, cette estime particulière pour la nature, ce profond *respect*, pouvant aller jusqu'à la sacralisation. En témoignent les propos du célèbre botaniste Francis Hallé :

> *L'être humain, en dépit de toutes les prouesses technologiques dont il est si fier, est toujours incapable, en ce début de troisième millénaire, de construire un grand arbre ; un petit aussi d'ailleurs. Pour l'instant, tout ce qu'il sait faire, c'est de l'abattre ; et ça il ne s'en prive pas. L'arbre est beaucoup plus impressionnant qu'on ne croit ; il est intimement mêlé à notre vie, à notre histoire, à notre vision du monde et même, je pense, à notre origine en tant qu'espèce.*[142]

Un autre facteur important dans la considération que les passionnés de plantes sauvages accordent à la nature est lié à l'histoire évolutive de la planète. Le botaniste et entomologiste Jean-Henri Fabre le dit ainsi : c'est quand même – nous en sommes tous convaincus désormais – cette « *antique végétation* », apparue sur terre bien avant l'homme, « *qui nous a fait une atmosphère respirable et a mis en dépôt, dans les entrailles du sol, les assises de charbon, richesse des nations* ». Ainsi, dans l'expérience vécue du terrain, l'action du botaniste s'inscrit souvent dans une puissante relation au passé. Quel botaniste, « retombé » par hasard ou après une investigation méticuleuse sur une plante supposée disparue depuis des décennies entières, n'a pas connu ce plaisir immense de la rencontre avec l'exceptionnel (« *la fois où je suis retombé sur Adonis ! Un pied d'Adonis ! Je m'en souviens* » – Philippe) ; cette grâce, cette excitation qui donne envie de rentrer vite raconter sa découverte ou de chercher encore et encore, « des fois que… » ? Qui n'a pas ressenti cette impression rare et totalement euphorisante d'être alors, à ce moment précis de la découverte, dans un lieu extraordinaire, presque magique, où le temps se serait arrêté, où la nature aurait résisté à toutes les pressions du monde ? En un tel lieu, dans une telle situation, le voyage dans le temps fonctionne à plein régime. Car les vestiges d'un autrefois plus ou moins lointain, qu'ils soient botaniques ou architecturaux, immortalisent des temporalités différentes. Ils rappellent à la conscience moderne que le présent est issu du passé (Christin R., 2000 : 100).

---

[142] Hallé F., 2013 – Plaidoyer pour l'arbre. *In « Que donne la nature ? L'écologie par le don ». Revue du MAUSS* n° 42 : 29.

Comme le léopard des neiges de P. Matthiessen[143] affirmant « *en un jour de marche, nous avons parcouru des siècles* », le botaniste, face à un « monument » végétal redécouvert, se retrouve ainsi dans un « espace synchronique » pour reprendre les termes de R. Christin (2000 : 91) où tous les temps se conjuguent et se font réciproquement écho. Il puise alors dans ses références scientifiques et littéraires pour tenter de comprendre : « comment se fait-il que cette plante soit encore là ? » ; il émet des hypothèses sur l'usage des lieux, sur les coutumes locales, sur la dynamique naturelle de la végétation. La distinction faite habituellement entre nature et culture s'efface[144]. Des connexions de tous genres se font ; la pensée s'accélère, l'imagination s'embrouille, il envisage des possibilités, des impossibilités, des plausibilités, rarement des certitudes, quasiment jamais des réponses fermes ou définitives. Et c'est précisément pour cette raison que de tels lieux, devenus intemporels du fait de la réunion en eux-mêmes de tous les âges, revêtent une dimension mythique. Entrer en contact avec les plantes, les connaître, les comprendre, c'est aussi se relier à ce temps « des origines », celui de « l'âge d'or » de la nature, sans qu'il soit possible bien sûr d'en préciser davantage les contours mais que plusieurs imaginent parfois comme un « paradis perdu ». La nature, en symbolisant un au-delà temporel absolu, dépasse ainsi la portée d'éternité des monuments historiques (Christin, 2000 : 165).

Les pieds dans le présent, la tête dans le passé retrouvé et bientôt la perspective de raconter et d'inscrire sa découverte dans un récit à destination des générations futures, le botaniste, quand il est « en pleine nature », voyage dans le temps.

> *Des fois on se dit même quand on passe dans des coins perdus : si ça se trouve, ils sont passés là autrefois… Ou même quand je reprends les vieux catalogues, des fois il y a les localités. Et quand j'ai le miracle de retomber sur des plantes qu'ils avaient déjà vues, alors là, c'est quand même sympa quoi.*
>
> Mathieu
>
> *Il y a un exemple… Une année, on avait observé un pied d'Orchis singe, donc super… Et puis l'année d'après il y avait une maison dessus. Ça aurait pu être évité mais voilà (…). D'un autre côté on a ré-observé des espèces qui étaient présumées disparues depuis 1880 ! Et voilà, au*

---

[143] *Le léopard des neiges*, p. 37. Paris, Gallimard, 1983 (cité par R. Christin, 2000 : 90).

[144] Voir à ce sujet l'ouvrage de Philippe Descola (2011 : *L'écologie des autres*) qui traite de manière critique cette opposition classique entre nature et culture dans les sociétés occidentales.

détour d'un chemin, paf ! Donc voilà, il y a des choses aussi qui nous échappent à l'échelle d'une vie humaine, et ça c'est plutôt réconfortant.

Philippe

Si les botanistes aiment tous repartir sur les traces des anciens, redécouvrir des choses du passé, la plupart s'attachent aussi, comme les voyageurs, à laisser leurs propres traces, leur témoignage de ce qui deviendra plus tard un passé. Écrire dans des carnets de terrain, prendre la peine de consigner ses observations dans des fiches ou des bases de données, mettre des plantes en herbier, écrire des articles ; tout cela fait partie de « la tradition » consistant à transmettre à ceux qui viendront après, comme d'autres avant (« les anciens ») leur ont transmis leur témoignage du passé. Les botanistes s'inscrivent dans un temps long. En collectionnant les planches d'herbier, les froides données informatiques et les récits de sorties de terrain, ils transmettent en espérant sauver de l'oubli un instant du présent et immortalisent un moment de la trajectoire de la nature, un moment de leur expérience, de leur propre trajectoire aussi.

Je suis pas à idolâtrer les gens, mais j'ai beaucoup de respect pour tous les anciens qui ont fait un boulot quand même... assez prodigieux (...). Notre connaissance on l'a pas comme ça. C'est parce qu'il y a eu des gens avant qui ont travaillé là-dessus et tout ce qu'ils ont fait ces gens-là, même s'ils ont fait des erreurs, ça nous a permis d'apprendre et ces gens-là on doit les respecter (...). Ces gens-là, ce qui est bien c'est qu'ils ont laissé des écrits. S'ils avaient pas été là, on n'aurait pas eu toute cette connaissance et l'accès... les herbiers tout ça.

Robert

Et s'il faut respecter les anciens et transmettre leurs savoirs, il ne fait aucun doute qu'il faille aussi, et plus que tout, respecter le sujet de cette passion commune à tous :

[Quand j'ai découvert] *la bota (...) je me suis dit que c'était un patrimoine et qu'il fallait le préserver. La notion de patrimoine commun, moi j'y crois beaucoup. Un taxon*[145]*, par définition, ça doit être conservé. Ce machin-là, qui pousse là, on doit le respecter. La chose est à sa place, elle doit rester. (...) Je suis assez formaliste à ce niveau tu vois...*

Igor

[145] Terme ici synonyme de « une plante ».

Car la nature qu'ils observent aujourd'hui, ils la pensent généralement comme le fruit d'une longue évolution, comme un témoin d'un « temps reculé » (Pierre) ; elle constitue ainsi un patrimoine, c'est-à-dire au sens premier du terme un « bien hérité du père », un legs à perpétuer au bénéfice des générations futures. Selon M.-C. Cormier-Salem (*in* Gautier-Clerc, 2014 : 103), trois caractères étroitement liés font en effet d'un objet naturel un patrimoine : il doit être hérité ou reçu des ancêtres (il s'inscrit donc dans une histoire, une culture, une mémoire) ; il est supposé être transmis aux générations suivantes et donc géré de manière à être conservé en l'état, voire enrichi (ce qui suppose des systèmes durables ou viables sur la longue durée) ; enfin, il doit être le référent identitaire d'un groupe. La conscience collective patrimoniale est un élément essentiel de ces processus de construction. C'est ainsi que, dans l'univers des botanistes, esthétique, connaissance scientifique et éthique entrent en résonance : tandis que la masse des gens ne voit dans le tapis végétal qu'une « *verdure anonyme* » (Dalla-Bernardina, 1996) ; alors que certains reconnaissent dans l'architecture des fleurs des constructions artistiques remarquables pouvant inspirer les inventions humaines ; les botanistes distinguent, identifient et *considèrent*, par le fait même de leur donner un nom, chaque individu végétal rencontré. Et si l'on admet avec J. Arnoult (*in* Gautier-Clerc, 2014 : 117) que ce qui est sacré est ce qui est mis à part, séparé, pour être investi d'une valeur intangible, d'un caractère inviolable, d'une pureté inaltérable, on peut considérer que les espèces de plantes, dès qu'elles sortent de l'anonymat (du banal) par le fait même d'acquérir une identité, commencent non seulement à suivre un processus de patrimonialisation, mais aussi de sacralisation[146].

> *Les orchidées, c'est quand même une famille de plantes exceptionnelles. C'est le sommet de l'évolution en botanique, chez les plantes. Et puis un monde en perpétuelle évolution…*
>
> Georges

Dans cette perspective, chaque espèce est une sorte de monument vivant caractérisé par des particularités physionomiques, morphologiques, écologiques, physiologiques, esthétiques, sociologiques et historiques qui la rendent aux yeux des botanistes unique et précieuse. Nos passionnés rejoignent ainsi la pensée de Goethe : « *Quelle chose délicieuse et magnifique qu'un être vivant ! Comme il est bien adapté à sa condition,*

[146] Ce qui est déclaré sacré n'est pas pour autant divinisé (J. Arnoult *in* Gautier-Clerc, 2014 : 117). Penser la nature en tant que sacré induit toute une série « d'évidences » : le sacré peut être profané, le sacré se respecte, le sacré se protège, le sacré se sanctuarise.

comme il est vrai, comme il est ! » (Hadot P., 2004 : 227). Dans le prolongement logique de cette idée, chaque perte est irremplaçable, le patrimoine de la nature inestimable. Nos devoirs à son égard apparaissent comme une évidence. C'est ce qu'écrit Paul, botaniste et à ses heures poète :

Par-delà le big-bang et le premier des êtres,
En lent cheminement, le monde s'est construit.
Par un foisonnement prodigieux s'en vint naître
Myriade de vivants qui, vers l'homme, ont conduit.

L'homme est le fruit de la Nature
Qu'il lui faut, d'abord, respecter.
Il ne faut point qu'il défigure
Ce dont enfant doit hériter.[147]

La nature authentique est sauvage

> *Savoir qu'il existe en France des endroits suffisamment sauvages et inconnus pour qu'on risque d'y disparaître est pour moi un encouragement et une consolation. Car ce sont ces lieux-là qui m'attirent.*
>
> Jacques Lacarrière (1992 : 286)[148]

Cette phrase pourrait bien résumer le point de vue de bien des naturalistes qui pensent spontanément « la nature » comme un lieu en opposition avec la société urbaine des hommes, technologique et bruyante, de laquelle les êtres vivants non-humains ont été refoulés. « La nature » qu'aiment explorer les botanistes, celle qu'ils recherchent, c'est avant tout une nature « *où on peut s'évader* » (Nicolas), c'est la « *nature nature* » (Paul), celle où il existe une place pour les plantes et les animaux sauvages. Ils y ont généralement fait leurs armes, « *dans les bois avec des copains* », au bord de la mer, dans les « *grands espaces naturels* » des montagnes, en bordure des étangs ou des rivières, partout là où ils pouvaient ressentir une atmosphère particulière, généralement calme et tranquille, et là ils pouvaient découvrir et observer « la nature », celle qui s'exprime en toute

[147] Extrait d'un long poème inédit sur les impacts de l'homme sur la nature, que m'a gentiment communiqué son auteur.
[148] Lacarrière J., 1992 - *Chemin faisant*. Paris : Payot. 294 p.

indépendance – au moins un temps – de l'action humaine. Les jardins, les espaces verts ne sont ainsi pas, au premier abord, vécus comme des espaces de nature, mais comme des lieux de culture, au sens propre comme au sens figuré : des lieux au service de l'espèce humaine, faits par et pour celle-ci, des lieux « cadre de vie » ; tout à fait autre chose :

> *Beaucoup de gens, ils se moquent de la nature...* [Ce qui les intéresse] *c'est... le cadre de vie. C'est plus du tout la nature... L'écologie c'est devenu ça : quand on parle de nature, y'a plus du tout de nature là-dedans finalement. Pour certains un petit peu mais... pour moi, l'écologie c'est... l'écologie de la nature quoi.*
>
> Paul

La « vraie nature », c'est avant tout celle qui permet aux plantes de pousser spontanément, naturellement. C'est celle qui permet aux communautés végétales de s'organiser dans l'espace à leur guise, quitte à s'appauvrir au fil du temps du fait du jeu de la concurrence végétale. C'est celle qui permet à l'ensemble des non-humains, végétaux et animaux, de vivre leur vie à leur place et à leur rythme. C'est donc un espace dépaysant et un espace-temps qualitativement différent, un lieu littéralement « extraordinaire » qui se présente d'abord comme une « *évidence sensorielle* » (Dalla-Bernardina, 2012 : 170) : on y apprécie le silence, on s'y imprègne d'autres odeurs et d'autres couleurs, on y ressent les éléments, la pluie, le vent, le soleil...

> *Moi, j'ai toujours aimé les marnages d'étangs, les gazons amphibies (...). Sûrement le rapport avec l'eau... et la rareté des espèces qu'on peut y trouver aussi. Et puis ce qui m'a souvent impressionné aussi, c'est l'adaptation des plantes à ces conditions particulières (...). C'est là sur les grèves d'étangs exondés qu'on voit vraiment toutes les successions des végétations, ça marche bien, c'est très imagé (...). Même les couleurs, parce que tu peux avoir côte à côte un gazon amphibie à littorelle d'un vert terne et une mégaphorbiaie d'un vert luxuriant. Donc c'est des milieux, j'aime beaucoup.*
>
> Mathieu

Entre représentation construite et réalité vécue, cette perception d'une nature intemporelle, indemne et paisible, fonde le profond attachement du botaniste (et du naturaliste en général) aux milieux naturels dans lesquels il aime voyager et être surpris. Cependant, nul n'est dupe : du point de vue de la végétation, les frontières entre le sauvage et le domestique ne sont plus, depuis longtemps, aussi étanches que l'on veut bien le dire.[149] La nature est en perpétuelle dénaturation ou renaturation et nos botanistes sont de moins en moins enclins à croire en l'existence d'une sauvagerie « originelle ». Même dans les bois la trace de l'homme est présente, bien visible de par les paysages qu'il crée ou par les espèces qu'il a introduites il y a plusieurs siècles, telles le châtaignier, et qui se sont désormais parfaitement naturalisées :

> *D'abord les milieux naturels y'en a plus, à part les falaises verticales. Tout a été exploité par l'homme. Maintenant y'a des milieux qui tendent à retourner vers quelque chose de naturel... les fonds de vallées, les prairies humides qui sont laissées à l'abandon et qui évoluent tranquillement vers le boisement. Et ça, je trouve pas que c'est mal. (...) Ce qui est dommage peut-être c'est que sur les pentes, le châtaignier prenne la place des chênes, c'est moins riche sous les châtaigniers. (...) En même temps, l'homme en détruisant certains milieux a favorisé aussi l'arrivée de plantes qui sont venues lorsqu'il a installé les cultures... c'est de la diversité, mais bon...*
>
> Robert

> *Y'a plus rien de naturel aujourd'hui. De partout la nature est façonnée par l'homme. Et justement, si elle est façonnée par l'homme, les deux sont liés. L'un peut pas aller sans l'autre.*
>
> Igor

Au final, ce qui importe, ce n'est pas tant que la nature soit « sauvage », c'est qu'on lui permette de s'ensauvager, de vivre librement sa vie, à son rythme ; qu'on la laisse divaguer, vagabonder, arriver, s'éclipser, réapparaître « comme par miracle ». Aux plantations rectilignes de résineux, le botaniste préfèrera ainsi les vieilles forêts de feuillus. Les champs de céréales ou de maïs n'auront son estime qu'à la faveur des quelques sauvageonnes involontaires accompagnant les espèces cultivées. Comme le voyageur, le botaniste se plaît à cheminer dans un monde varié, changeant et imprévu : le plaisir de la pérégrination nécessite de « *sentir les aspérités de l'ailleurs lorsqu'on y passe. Un monde trop lisse ne serait plus un monde* » (Christin, 2000 : 171). Et même si l'émotion est toujours plus importante « en pleine nature », la passion peut aussi prendre corps en

---

[149] Remarquons d'ailleurs que la distinction entre nature et culture est une « tradition » très répandue en Occident mais que sur d'autres continents (en Afrique, Chine et au japon par exemple) elle ne se pose pas. Voir à ce sujet Descola, 2011 – L'écologie des autres (p. 78 notamment) ; ou encore Kervella-Mansaré Y., 2014 – L'espace du Peul : dehors est sa maison, *in* Dalla-Bernardina (coord.) *Terrae incognitae*. Presses universitaires de Rennes. 199-212.

ville, dans un champ cultivé ou dans un jardin potager non traités par les herbicides, partout où des plantes peuvent s'installer, vivre et mourir « naturellement », partout où il y a de la *diversité*. Pierres bouleversées, matériaux hétéroclites, aléas des flux de graines et de germinations, variété des origines géographiques et extrême mobilité du peuplement : le terrain vague est aussi un chantier d'installation pour la vie sauvage, un tourbillon de diversité et d'instabilité (Lizet, 1989 : 260) :

> *Tu vois le* [terrain vague de Rouget-la-Ville], *eh ben avec Joseph, on a été extrêmement tristes le jour où ils ont... où on a découvert qu'ils clôturaient, qu'ils bitumaient... et on a vu l'espace ouvert et... libre... se restreindre d'une manière... drastique et... C'était un peu notre terrain de jeu qui disparaissait mais c'est aussi parce que quelque part... c'est la communauté qui... la communauté humaine hein... qui passe à côté de quelque chose. C'est un témoignage de... du monde dans lequel on vit, ouvert, qui disparaît... ou qui est pas entretenu comme il devrait l'être quoi.*
>
> Igor

On l'a compris, de quoi rêvent les botanistes ? D'un « anti-monde » en quelque sorte, où les espaces domestiqués ne domineraient plus les espaces sauvages ; où une place serait laissée à la diversité, à l'instinct, au hasard ; à un univers de verdure, de calme, de désordre et de courbes, contrastant avec l'univers urbain et rural rectiligne, canalisé, assujetti. Cette utopie romantique, qui replace l'homme dans la nature en dénonçant ses velléités de domination des autres êtres vivants, marque fortement l'imaginaire de nos passionnés. Malgré les multiples exemples qui contredisent leurs propres discours (par exemple lorsqu'ils se prennent à devenir « gestionnaires de la nature »[150]) et contre toutes les apparences (nous y revenons ci-après), une homologie apparaît entre leur propre vécu et ce qu'ils entrevoient pour la nature : parce qu'ils se sentent libres et en harmonie dans l'espace « naturel », parce qu'ils souhaitent pouvoir continuer à l'être, ils défendent l'idée d'une nature non contrainte et sauvage. Tout comme Rousseau qui, en allant vers la forêt en se détournant de la société, cherchait à transformer la société (Laplantine, 2005 : 114), les botanistes pensent le social et rêvent d'un autre monde par la médiation de la botanique. Mais si le discours est généreux, l'action ne l'est pas toujours :

---

[150] Certains botanistes se trouvent être aussi en charge de la gestion de certains espaces « naturels », dans des parcs, des réserves, ou divers espaces dits « sensibles ». Ils deviennent alors eux-mêmes des acteurs de la domestication qu'ils dénoncent.

même si la plupart s'en défendent, nombre de botanistes véhiculent, peut-être sans le vouloir, l'idée que la botanique est une science ardue et élitiste, fondée notamment sur la croyance que la nature sait se rendre difficile d'accès et qu'elle ne se donne pas au premier venu.

La nature se gagne au mérite

> *En août 1865, j'entreprenais la vingt-troisième [ascension du mont Ventoux]. Nous étions huit : trois dont le mobile était la botanique, cinq alléchés par une course dans les montagnes et le panorama des hauteurs. Aucun de nos cinq compagnons étrangers à l'étude des plantes n'a, depuis, manifesté le désir de m'accompagner une seconde fois. C'est qu'en effet l'expédition est rude, et la vue d'un lever de soleil ne dédommage pas des fatigues endurées.*
>
> Jean-Henri Fabre, *Une ascension au mont Ventoux* (p. 30) [151]

Cette vision d'une nature qui se mérite et s'arrache à la force de ses jambes peut paraître un peu surannée, notamment dans les zones de plaine où les reliefs accidentés sont peu fréquents. Pourtant, la question de la fatigue et de la résistance physique est omniprésente dans le discours des botanistes, quelle que soit la nature des territoires où ils vivent. Les professionnels, en particulier, ont à cœur de montrer que « faire du terrain » n'équivaut pas à se balader. Les courtes périodes de visibilité de certaines espèces et les délais imposés par leurs engagements professionnels les contraignent souvent, il est vrai, à faire de longues journées consécutives d'herborisation et tous disent ressentir une forte fatigue physique en cours de saison. Quant aux dilettantes, eux aussi mettent en avant la rudesse de l'exercice, soulignant la difficulté d'approche de certains milieux et les risques encourus sur le terrain. Il est étonnant de constater la fréquence des propos rapportant des expériences de terrain inconfortables voire périlleuses : chutes ou risques de chutes dans des endroits instables ou escarpés, griffures par une végétation dense ayant piégé le botaniste plus ou moins égaré, attaques de chiens, morsures par des vipères ou des tiques (avec en toile de fond le spectre de la terrible maladie de Lyme, qui touche de plus en plus de « gens de terrain »), autant de dangers réellement vécus, autant de récits mémorables pour tous ceux qui les ont évité ou en ont réchappé.

---

[151] Fabre J.-H., [1879] 2013 – *Une ascension au mont Ventoux*. Rivages poche. 89 p.

Faire des zones boisées quand il y a du vent, quand il y a beaucoup de vent... c'est hyper dangereux : moi j'ai eu plusieurs fois des grosses branches qui sont tombées... à 20 mètres de moi, j'étais dessous... Plusieurs fois j'ai eu le cas de figure... Oui, y'a eu plein de fois, j'ai failli... Par exemple, y'a des fois, tu vas chercher une fougère, tu commences à monter... tu te dis mince comment je fais, y'a des ronces, tu te pètes la gueule... de toute façon, on te retrouve pas hein...

Philippe

Cet été, je pensais beaucoup à Anne et Bertrand [deux botanistes professionnels]... *dans le cagnard, pff ! Dans la lande haute comme ça... oh punaise !... quand ils ont dit qu'ils allaient là-bas, tout le monde était content* [l'endroit est très beau]. *Mais moi je me disais : oh les pauvres ! Comme Jules* [un autre botaniste professionnel], *je sais pas comment il fait. Tout le temps là-dedans hein ! Punaise ! Et des fois tu t'engages dans des endroits, tu trouves rien, en plus... C'est rageant.*

Jean

Pourquoi ce besoin de raconter ces dangers et ces souffrances ? On peut remarquer avec intérêt que les mêmes figures de rhétorique, celle du danger encouru, du dépassement personnel et de l'épuisement physique ont été relevées chez d'autres passionnés de nature, notamment chez les chasseurs[152]. Eux aussi, comme les botanistes, sont des « *hommes qui ne se ménagent pas* » (Dalla-Bernardina, 1996 : 116), et dans les deux cas, l'investissement consacré à la passion semble souvent beaucoup plus important que ce qu'elle rapporte (« *des fois tu t'engages dans des endroits, tu trouves rien, en plus* »). Une autre figure conventionnelle, du même ordre, que semblent partager les passionnés de nature, est celle du jeûneur ; mise en évidence chez « *l'adepte de Diane* » (*op. cit.*), elle se retrouve, peut-être un peu atténuée, chez certains de nos botanistes :

J'aimais bien herboriser avec Philippe. Philippe, il était comme moi (...) assez dynamique, bonne résistance physique pour marcher et tout... Parce qu'on marchait 10 h par jour, on n'arrêtait pas le midi ! [Et pour manger ?] *Non. Le matin, on essayait de se trouver un patelin, on se prenait un café, (...) on s'achetait des pains au chocolat, et puis voilà, on s'arrêtait pas le midi donc. Et y'en avait d'autres* [botanistes] *que je pouvais pas emmener parce que... ou alors ils seraient restés dans la bagnole à midi quoi. Moi j'aimais bien faire comme ça... optimiser.*

Léon

[152] Dalla-Bernardina, 1996 – *L'utopie de la nature*. Imago. 304 p.

Voici aussi comment, en 2008, le président de la Société botanique de France vante les mérites d'Hyppolyte Coste, abbé et botaniste renommé, qui pourtant n'avait pas la stature d'un grand athlète :

> *Physiquement Hippolyte Coste était petit, d'apparence assez chétive, et bossu. Coiffé d'un chapeau, armé d'un bâton ferré, il herborisait le plus souvent en soutane, même en montagne, avec pratiquement pour seul bagage sa boîte de fer-blanc et sa presse à sangles pour ranger les plantes qu'il récoltait. (...) Des anciens ont relaté, ici même, que, très frugal, il emportait sur le terrain, comme seule nourriture pour la journée, un morceau de pain, et un oignon ! (...) Il marchait toujours d'un pas alerte, ne perdant pas une minute. Lorsqu'il visitait une parcelle de céréales, à la recherche de plantes que l'on qualifie de messicoles, il relevait bien haut le bas de sa soutane puis progressait dans le champ à grandes enjambées mesurées et précises (...).* [153]

L'une des explications à ces manières particulières de raconter son engagement nous est donnée par Bromberger (1998 : 30) : « *Toute aventure passionnelle est faite d'une succession d'épreuves, où il faut vaincre une série d'obstacles par le mérite, parfois par la ruse, et où le hasard joue un rôle déterminant, rehaussant les émotions et les sensations que l'on recherche. Nous voici plongés dans l'univers de jeux sérieux, dont le caractère ludique et l'application requise ne s'imposent qu'à ceux qui s'y adonnent (les autres regardent avec consternation, au mieux avec indulgence, ces efforts obstinés)* ». Chance, connaissance et mérite apparaissent ainsi comme d'indissociables piliers de l'univers passionnel en général, et de la passion naturaliste en particulier. Arrêtons-nous ici quelques instants sur la question du mérite et essayons de voir comment il s'évalue chez les passionnés de savoir botanique.

Même s'ils se défendent souvent de toute visée compétitive dans leur engagement, il est certain que concourir physiquement avec soi-même ou avec les autres stimule le zèle des passionnés : grimper plus haut, aller plus loin, accéder à certains secteurs difficiles « le premier »... permet d'augmenter ses chances de découverte de plantes rares et originales. Mais en y regardant de plus près, l'ardeur physique n'est qu'un critère parmi d'autres d'appréciation de la qualité du passionné de nature. Car, au final, peu importe les kilomètres parcourus ou les difficultés topographiques rencontrées, ce qui ennoblit le botaniste, c'est avant tout l'effort qu'il

---

[153] Bernard Ch., 2008 - Hommage à Hippolyte Coste - Inauguration de « l'espace botanique Hippolyte Coste » - Saint Paul des Fonts, le 2 août 2008 ; en ligne sur http://les.journees.coste.free.fr/cbernard_inauguration_2008.pdf. Consulté en mai 2014.

consent à fournir[154] pour parvenir à débusquer les secrets de la nature. Les efforts intellectuels de mémorisation sont ainsi salués de tous, par les botanistes eux-mêmes mais aussi par ceux qui les observent.

Mais bien au-delà des capacités physiques et intellectuelles, ce qui semble fonder la valeur du botaniste et qui, en même temps alimente la relation qu'il entretient avec sa passion ; ce qui l'inclut dans le cercle très étroit des passionnés et qui, conséquemment, le différencie « des autres », c'est son rapport particulier au temps, et plus exactement à la vitesse du temps qui passe. Car si la botanique est un jeu de hasard et de compétition, c'est aussi un jeu de patience qui se joue avant tout dans la tranquillité et la lenteur : c'est en effet par la lenteur du déplacement *in situ* et par le temps passé dans le calme de la nature (et derrière ses loupes et ses flores) que le botaniste va non seulement jouir du plaisir sensoriel d'être sur le terrain, mais aussi qu'il va perfectionner son savoir et son savoir-faire, ce qu'il prouvera par la suite par la qualité et l'originalité de ses découvertes. Cette question temporelle est fondamentale. Elle unit les botanistes entre eux et les distingue de ceux qui n'accordent à la nature qu'un regard lointain et méfiant. Elle structure la passion et la motive, en même temps qu'elle singularise les passionnés et qu'elle les sépare des autres. D'un côté il y a « eux », les naturalistes qui observent la nature en s'inscrivant non seulement dans un temps *long* (le présent relié au passé et au futur) mais aussi dans un temps *lent* (lenteur de progression *in situ*, lenteur de détermination des plantes les plus difficiles à nommer...) ; et de l'autre côté il y a « les autres », ceux qui subissent le rythme du monde moderne, un rythme stressant (c'est ce que disent Nicolas, Jean, Sophie et bien d'autres) fondé sur un principe de rapidité extrême, de précipitation et de court terme.

Cette représentation du monde est tout à fait conforme à la règle dichotomique qui prévaut dans nos sociétés occidentales, séparant le monde civilisé et le monde sauvage, et où le monde sauvage est perçu comme l'espace dans lequel est autorisé et hautement valorisé tout ce qu'on évite normalement dans la vie civile (Dalla-Berdarnina, 1996 : 40). Ainsi, plus que par l'exploit physique ou intellectuel, c'est avant tout par cette capacité à transgresser les règles et les cadres ordinaires du quotidien et à outrepasser la peur de la nature « sauvage » propre à nos sociétés

---

[154] Signalons là encore les similitudes entre les univers des différents types de passionnés de nature : l'importance du « *labeur improductif* » a été aussi signalé par Sergio Dalla-Bernardina (*op. cit.* : 38) comme critère de reconnaissance de la qualité des passionnés de chasse.

urbaines, que les botanistes affirment aux yeux « des autres » leur spécificité. À la différence de la masse des gens, notre petit groupe de passionnés a choisi la nature comme cadre d'épanouissement personnel, y trouvant à la fois un refuge contre les agitations du monde et un espace de jeu, de liberté et d'exotisme, où chaque herborisation prend l'allure d'une pérégrination hors du monde et hors du temps. Leur figure se confond alors avec celle de « l'Exote » de Victor Segalen[155], ce voyageur qui refuse toute « assimilation exclusive » afin de mieux poursuivre la particularité de son expérience et jouir ainsi de la diversité du monde.

> *Moi, j'aime bien les trucs qui poussent dans des endroits insolites. Les meilleures parties de botanique qu'on a faites avec Joseph, c'était au port de commerce à Bordeaux. (...) Ça se croise avec la magie du voyage. C'est des plantes qui viennent de partout...*
>
> Igor

Mais la nature, pour être sentie et « *éprouvée par la conscience nomade, doit exister en dehors du jardin de ville* » (Christin, 2000 : 172). La nature vécue exclut l'omniprésence humaine. Une présence qui encadrerait de trop près un espace naturel, ou qui tracerait en son sein des lignes trop visibles ou trop rapprochées lui faisant perdre son versant sauvage, ne pourrait être, aux yeux du voyageur désireux de nature, qu'une source d'altération, de profanation (*op. cit.*). De voyageur, le botaniste se mue alors en sentinelle.

La nature est à défendre

> *Une fois, je me suis fais traiter de botaniste qui se réfère qu'aux textes. Ça m'avait vexé.*
>
> Igor

Une conséquence majeure découle de ces heures d'observation et d'immersion dans le monde végétal : en reconnaissant chaque espèce (parfois chaque individu) de plante en tant que réalité ontologique, en tant qu'être « réel » porteur d'une identité (un nom) et de caractéristiques uniques tant concernant leur physique (leur morphologie notamment) que leurs modes de vie (écologie, sociologie) ou leur temporalité, de nombreux botanistes concèdent aux plantes, et par ricochet à leurs biotopes, un droit

[155] Segalen V. - *Essai sur l'exotisme*, cité par Christin, 2000 : 78.

fondamental à exister, à évoluer et à se perpétuer. Sans systématiquement refuser la distinction arbitraire entre l'être humain et les autres êtres vivants, tous, s'interrogeant sur les impacts présents et à venir de la domination de l'homme sur la nature, tentent de promouvoir l'idée d'une nature aussi riche que diverse, dans laquelle toutes les espèces, espèce humaine comprise, doivent trouver leur place.

> *Quand on voit en ce moment le rythme d'extinction de certaines espèces… tu vois, moi, mes enfants je me vois pas leur dire un jour "ben dans le ruisseau y'avait de l'isoetes autrefois, et maintenant c'est fini, vous le verrez jamais". Tu vois. Moi je l'ai vu, je vois pas pourquoi eux ils le verraient pas.*
>
> Mathieu

Deux idées sous-jacentes et complémentaires, issues de la pensée de Lamarck et de Darwin fondent ce droit des plantes. La première est que la plupart des espèces végétales qui peuplent notre environnement sont considérées comme présentes sur la terre « depuis toujours », leur droit à exister semble évident, imposé par un ordre naturel que nulle autre espèce, pas plus l'homme qu'une autre, n'est autorisée à remettre en question. La seconde idée, venant compléter cette vision apparemment « fixiste » de la nature, est liée au fait que chaque être vivant est le résultat de milliers d'années d'évolution et que, pour survivre, les plantes ont besoin de toutes les conditions pour se reproduire, s'adapter, résister aux aléas du temps et des pressions. Aujourd'hui comme hier, l'homme domestique la nature et transforme les espaces. En Europe occidentale les efforts d'urbanisation et de développement agricole des territoires sont tels qu'ils ont contribué à réduire de manière drastique les surfaces de certains milieux et à en altérer les fonctions[156]. Dans ces conditions, certaines espèces inféodées à des écosystèmes particuliers comme les zones humides ou certains types de prairies, ont très fortement régressé voire disparu depuis la fin du 19e siècle. Pour celles qui restent, les possibilités d'adaptation, donc de survivance, s'en trouvent réduites.

> *Je constate énormément de disparitions et c'est très attristant ; si bien qu'on hésite parfois à retourner dans un endroit où on a vu de belles choses parce que si on y retourne on risque de ne plus rien voir, ou de*

---

[156] Pour en savoir plus, voir Gauthier-Clerc M., Mesléard F. et Blondel J., 2014 – *Sciences de la conservation*. Bruxelles : De Boeck. 346 p.

voir un milieu détruit. (...) Quand j'étais jeune, on voyait des orchidées partout dans les prairies... maintenant c'est devenu quand même presque exceptionnel. Et puis dans les endroits que je fréquente souvent, je ne constate plus rien de neuf, mais plutôt des disparitions. (...) Y'a souvent des mauvaises surprises, et ça on s'en aperçoit quand on avance en âge...

Georges

Conséquence logique de cette reconnaissance du droit des plantes à subsister en dépit de la domestication des milieux « naturels » par l'homme, un certain nombre de devoirs émergent : devoir de respecter, d'aimer, voire de défendre les plantes et leurs milieux naturels, mais aussi de faire connaître leur valeur et les dangers qu'ils encourent. L'engagement passionnel se double alors parfois d'un engagement éducatif ou revendicatif. Selon leur tempérament et leur goût pour l'action militante, les passionnés choisissent (et cumulent parfois) différents moyens pour défendre la cause des plantes : publication de travaux de synthèse sur l'état de la flore, actions d'information et de formation, investissement dans des associations environnementales ou des structures professionnelles ayant pour objet la préservation de la nature. Dans les années 1970 et 1980, de nombreux chercheurs naturalistes complétaient leurs travaux de recherche en écologie par un engagement institutionnel et/ou associatif dans des actions visant à faire connaître et à protéger certaines espèces et les milieux naturels. Les professeurs Dupont, de l'université de Nantes, et Aymonin, du Muséum national d'Histoire naturelle, sont de ceux-là : s'appuyant sur une analyse scientifique et une interprétation des données de répartition des plantes à l'échelle française et européenne, ces botanistes ont contribué à mettre au point la réglementation et les listes de plantes protégées au niveau national et régional en France. Sur la base de ces textes et des nombreux autres qui ont suivi par la suite sous l'impulsion de la communauté européenne, de nombreux projets d'aménagement du territoire ont été bloqués, permettant de préserver les biotopes d'individus d'espèces rares, mais empêchant du même coup la réalisation de travaux attendus par divers acteurs, publics comme privés. Durant les trente dernières années, les conflits entre aménageurs et écologistes se sont ainsi multipliés, exposant souvent, au milieu du ring et en guise de bouc émissaire, les naturalistes et leurs listes d'espèces rares et protégées.

En dépit des multiples travaux menés en France et en Europe débouchant sur des constats répétés d'une perte sensible et avérée de biodiversité dans certains espaces tels que le littoral et les milieux agropastoraux, notamment sur sols humides, le rythme de destruction ou de dégradation de ces espaces de vie ne ralentit pas et c'est avec une certaine amertume que les botanistes conviennent de leur impuissance et de leur difficulté à partager leur amour pour une nature libre, mouvante et diversifiée.

> *Protéger des choses où il n'y a pas d'enjeu, ça va... Les gens jouent le jeu tant qu'il n'y a pas d'enjeu... Dès qu'il y a un enjeu..., il y a le chantage de l'emploi, comme toujours... Et les gens vraiment convaincus, dans l'administration et tout, y'en a pas beaucoup. Mais les gens ne comprennent pas ce que c'est, la vraie nature. C'est toujours très difficile... Et dire à un agriculteur qu'à cause d'une petite plante ou d'un petit milieu, il ne faut pas qu'il touche à quelque chose et autre c'est... Il faudrait des gens spécialement faits pour expliquer ça.*
>
> Paul

Brandissant la législation en faveur des espèces protégées comme une arme de dissuasion contre la destruction des espaces naturels, ils se retrouvent pris à leur propre piège, accusés de rigidité et d'intolérance, parfois même de complicité avec le pouvoir technocratique, judiciaire ou policier. Pourtant, en agitant maladroitement l'argument des espèces rares[157], ils ne font rien d'autre qu'exprimer leur inquiétude envers la perspective d'un monde uniforme et banal, où la ville aura gagné sur la campagne, où les zones humides se transformeront en champs de peupliers bien alignés, où la « sauvagerie » (toute relative) de la nature aura fini d'être domptée par l'homme.

> *Des fois, t'as plus rien. Ben ça fait mal, surtout, quand on voit ce qu'il y avait autrefois, les tourbières, les zones humides et tout ça, maintenant tu as des peupleraies à la place... ça te retourne quand même... Et puis tu te dis c'est pas fini....*
>
> Elsa

Alors, certains cherchent des solutions. Continuant à croire en la possibilité de convaincre de l'intérêt de préserver un monde plurispécifique et bigarré, tous alertent sur les risques de disparition d'espèces sensibles aux pressions de l'homme moderne. Dépassant le rôle de témoin que tous s'assignent à tenir, certains militent pour le maintien de milieux variés et non transformés, aspirant à de nouvelles formes de coopération avec les acteurs tenant les rênes de l'aménagement et de la gestion de la nature.

---

[157] Et des espèces invasives... (cas complexe que je passe volontairement sous silence).

Les milieux naturels qu'on défend, on sait très bien qu'ils sont pas naturels. Par contre ça constitue un réservoir d'une diversité qui est pas banale quoi. Et puis à côté de ça, ben la diversité banale on la voit moins alors que c'est aussi important. Et puis il y a la diversité... on va pas dire artificielle mais... anthropogène quoi. Ben elle, comment se situer par rapport à ça... ? Le monde bouge. Mais en tant que botaniste, on peut être quand même... un peu lanceur d'alerte... c'est pas le mot qui convient mais... observateur, témoin des choses qui changent... On peut quand même regarder et être témoin...

Igor

Entre botanistes imaginés et botanistes vécus : retour aux stéréotypes

Alors, défenseurs de la nature, connaisseurs experts ou témoins ? Quels traits dominants partagent les botanistes ? Pourquoi restent-ils si peu lisibles aux yeux de la société et même de leurs proches ?

Tu vois, des gens très proches comme mes sœurs, mon père, ils comprennent rien à ce que je fais... Rien du tout... Rien... Mon père il m'engueule, quasiment... parce qu'il comprend pas... et ça l'énerve. C'est du temps que je lui consacre pas... Pour expliquer, tu peux dire j'observe les plantes mais... Mais y'en a partout, c'est ça le truc...

Igor

Tantôt pris pour des jardiniers, tantôt pour des agents au service des directives européennes, tantôt pour de gentils et doux illuminés, tantôt pour des savants acariâtres, leur image, comme nous l'avons déjà vu, est floue. Résultant de la superposition de plusieurs figures stéréotypées, la représentation que les gens s'en font est ambiguë, comme s'il était impossible de ressortir de la cohérence entre toutes les figures que ces passionnés portent en eux.

Mais à quoi est dû cet imbroglio ? Pourquoi les botanistes intriguent, questionnent et créent du fantasme ? Et si finalement le « problème » venait d'eux-mêmes ; de ce qu'ils véhiculent, consciemment ou non ? Au terme de cette recherche, une évidence m'apparaît : ces traits de caractères stéréotypés que le commun des mortels attribue aux botanistes ne sont pas le fait du hasard ou de la méconnaissance : ils sont construits par les botanistes eux-mêmes, de par ce qu'ils font, ce qu'ils disent, et ce qu'ils défendent. Le tableau suivant tend à le montrer.

Tableau 1 : Concordance entre cinq stéréotypes de botanistes et quelques « réalités » vécues par les passionnés de botanique

Attributs des figures stéréotypées concernant les botanistes	**Faits, gestes et dires des botanistes nourrissant les stéréotypes**
Le poète romantique et le moine herboriste Naïveté, gentillesse Sagesse Vocation Calme Retranchement Solitude Utopie Abnégation Désintéressement Sacrifice Adoration, exaltation Passion, tourment Prosélytisme	Les botanistes sont des passionnés ; ils sont capables d'observer les plantes dans le détail pendant des heures, de se soustraire à « l'agitation du monde ». C'est ce qui a valu à la botanique l'appellation de « science aimable ». La littérature a développé une image positive de la botanique (reprise par les botanistes eux-mêmes), en tant que science utile et saine activité mentale et physique. La botanique est un jeu et un travail : les botanistes travaillent souvent sans compter, y compris le soir. Ils ont besoin de temps, de solitude et de lenteur pour progresser. Certains y ont sacrifié leur vie de famille. Ils aiment étudier, ils consultent largement les livres (flores et autres). Ce sont des esthètes. Ils aiment « la beauté de la nature » et croient en ses bienfaits pour l'homme. Ils soutiennent et souhaitent convaincre que la nature est un patrimoine à préserver et à transmettre.
Le savant du 19e siècle Anachronisme Désuétude Humanisme Patience Compétence Érudition Rigueur, précision Maniaquerie Scientificité Sévérité Supériorité Impassibilité Froideur Détachement Prestige	Par un travail de patience et de mémorisation, les botanistes ont acquis une connaissance fine des plantes et de leurs moindres détails anatomiques ; leur maîtrise du vocabulaire technique concernant les végétaux peut impressionner. Leurs instruments de travail sont simples (loupes, microscopes, réglettes) et ont globalement peu évolué depuis le 19e. La modernisation des outils et le recours à la génétique est l'une des voies (conscientes) poursuivies par certains pour se déprendre des représentations associant la botanique à une science passéiste. Ils continuent à faire des herbiers (même s'il s'agit le plus souvent d'herbiers photographiques) et d'austères listes d'espèces en latin ; cela a tendance à les discréditer auprès des tenants de la science moderne qui voient en eux des savants d'une autre époque, plus ou moins collectionneurs.

	Leur travail consiste avant tout à observer et à décrire. Ils ont une approche concrète de la nature. Ils rejettent les approches scientifiques trop éloignées du terrain (approches trop conceptuelles de la nature). Ils se distinguent par leur aptitude (devenue rare) à reconnaître et nommer les plantes sauvages. Ils en retirent un certain prestige, notamment auprès du public et des administrations.
Le grand explorateur Connaissances Curiosité Recherche Traque Liberté Mobilité Sportivité Compétitivité Impétuosité Personnalité Héroïsme Audace Bravoure Insolence	La passion pour la botanique s'ancre généralement dans l'enfance, à l'âge où on « explore » les bois, les champs ou le fond du jardin familial, par curiosité de la nature et en quête d'une certaine forme de liberté. La nature « sauvage », ou du moins la nature qui s'ensauvage, est celle dans laquelle se plaisent les botanistes ; elle est symbole de liberté. Pour reconnaître le plus possible d'espèces (but poursuivi par de nombreux botanistes), il est nécessaire de prospecter tous types de milieux, plus ou moins faciles d'accès, et en toute saison. Comme les grands explorateurs, les botanistes sont amenés à voyager, à surmonter un certain nombre d'épreuves physiques et sensorielles et à faire preuve d'endurance. Leurs récits se font très souvent écho de ces difficultés rencontrées et des dangers encourus. Ils véhiculent ainsi l'idée que la nature se mérite, qu'elle ne se donne pas au premier venu, qu'il faut la vaincre. À défaut de force physique, il faut de la persévérance et de la combativité (envers soi-même surtout), qualités largement valorisées par les botanistes eux-mêmes. Pour arriver à ses fins, l'audace et la transgression sont parfois de mise : les botanistes font ainsi souvent état (à mots plus ou moins couverts) de leurs entorses aux règles de sécurité et aux lois de la propriété privée.
Le botaniste médecin / la sorcière Savoirs Pouvoirs Potions Remèdes Altérité Habileté Praticien	Les médias modernes contribuent à diffuser largement (avec la complicité de botanistes célèbres) l'image ancienne par laquelle les plantes sont des objets « magiques » dotés de pouvoirs fabuleux, pouvant blesser, empoisonner, embellir, guérir, nourrir… La plante n'a peut-être jamais autant été sollicitée pour ses pouvoirs : elle est l'objet de nombreux arguments marketing concernant les produits de soin et de beauté, la nourriture, l'habitat « écologique », etc. Le botaniste,

Bienfaisance Malfaisance Tradition Intéressement Malice Mystère Suspicion	convoqué dans de nombreuses œuvres de fiction plus ou moins futuristes, est celui qui, capable de chercher, trouver et nommer les plantes sauvages, peut être à la base de ces recherches sur les propriétés des plantes. Cette association plante-magie-botaniste semble se faire au dépend des botanistes qui se défendent d'étudier les plantes à des fins utilitaires. Mais le botaniste prouve, par la manière dont il exerce sa passion et par les connaissances qu'il en retire, qu'il possède certaines clés de compréhension du monde des végétaux (les premières clés, celles qui permettent d'identifier les plantes en leur donnant un nom) : il possède la capacité d'observation et de mémorisation, la langue (le latin), les guides, les méthodes (les ustensiles et les recettes en quelque sorte) lui permettant de commencer à percer les secrets d'un monde que le commun des mortels ignore mais semble désirer. Ce n'est pas magique, mais ça « fait » magique.
L'expert écolo Connaissances Pragmatisme Technicité Efficacité Arbitre Juge Militance Parti-pris Accréditation Modernité Utilitarisme Mission Education Transmission	La nature est de plus en plus un objet politique : en Europe notamment, les stratégies et actions en faveur de la « biodiversité » se multiplient. Les botanistes se professionnalisent et s'engagent aux côtés des politiques pour les accompagner techniquement dans la mise en place d'actions de connaissance de cette biodiversité ou de préservation d'espaces de nature plus ou moins libre. Leurs compétences sont reconnues ; ils aident à classer des sites en « espaces sensibles » ; ils produisent des listes de plantes rares ou de plantes invasives qui deviendront (au niveau européen, national ou régional) des listes réglementaires obligeant les citoyens à éradiquer telle plante jugée néfaste, ou les interdisant de détruire telle autre tenue pour menacée. Ils travaillent dans l'idéal d'une nature sauvée, réhabilitée, restaurée. Loin d'être dupes du « green washing »* qui caractérise le monde occidental, ils surfent tant bien que mal et de manière pragmatique sur la vague des nouvelles valeurs portées par la société libérale actuelle (le beau, le sain, le libre, le « naturel ») pour tenter de faire passer leur volonté de préserver cette nature de plus en plus malmenée. Ils sont investis dans cette tâche, ayant foi en la cause qu'ils défendent. * *Procédé par lequel les entreprises et les administrations se donnent une image « verte » et se présentent comme « écologiquement responsables ».*

Mais que l'on ne s'y trompe pas, ce mélange d'images et de rôles n'est pas si incohérent. Au contraire même, il révèle à la fois la position clé qu'occupe le botaniste dans notre société et en même temps nous donne l'explication du caractère ambigu de sa représentation sociale. En réalité, le botaniste apparaît comme un personnage de l'entre-deux, un intermédiaire entre plusieurs mondes, entre plusieurs univers. Figure à géométrie variable, personnage multi-facettes, sorte de *Trickster*[158] moderne, il incarne le rôle ambivalent et énigmatique de celui qui vit sur les marges et qui navigue entre deux mondes, celui de la société et celui de ses confins. Tout autant dedans que dehors, il voyage dans plusieurs sphères à la fois, sans vraiment choisir son camp : celui des plantes ou celui des hommes, de la vie sauvage ou de la nature domestiquée, de la science ou de l'art, du savoir ou du sensible, du loisir ou du travail, de la solitude ou du collectif. Plutôt que le « ou », beaucoup ont choisi le « et » : le jeu et la science, le « je » et le groupe, le monde ordinaire et la nature « sauvage », les humains et les non-humains, les normes (le droit, la classification) et la transgression des règles[159], la technologie (Internet, les bases de données...) et le dénuement (le corps comme instrument principal), le plaisir et la difficulté.

Inconfortable, la position l'est, assurément, surtout pour les botanistes professionnels qui, devenant « experts », doivent conjuguer pour le meilleur et pour le pire exercice d'un métier (avec les contraintes économiques et sociales que cela suppose) et engagement passionnel (dont le moteur est avant tout le plaisir de comprendre, de connaître et de « sentir » la nature). L'exercice est difficile : les valeurs du loisir ne sont pas celles du travail ; elles ne subissent pas la même pression sociale, elles ne s'inscrivent pas dans le même espace-temps. Pourtant le botaniste professionnel lui aussi, et comme les autres, a choisi le « et » et non pas le « ou » : le travail et la récréation, la pression et la passion.

Personnage intermédiaire, le botaniste se fait ainsi interprète entre les hommes et le monde végétal. Bien qu'il passe son temps à ranger les plantes qu'il recense dans les cases (plus ou moins) bien alignées de la classification, la nature qu'il affectionne est symbole de foisonnement, de diversité, de liberté et de résistance à la domestication du territoire par les hommes. En dépit des « lois » de la concurrence animale et végétale, le

[158] Le Trickster est un personnage mythique caractérisé par son ambivalence et ses traits contradictoires, à la fois bienfaiteur et incisif, puissant et dérisoire.

[159] Transgression des droits de propriété privée, des lois du paraître, des règles de sécurité... : « *dans la nature sauvage, la transgression est la règle* », nous dit Sergo Dalla-Bernardina (Dalla-Bernardina, 2012 : 212).

« milieu naturel », pour peu qu'il ait la place de s'exprimer, est pensé comme un espace égalitariste où chaque être vivant à sa chance. Il devient ainsi un espace « refuge » en ce qu'il permet la rencontre avec des valeurs aujourd'hui malmenées dans les espaces ordinaires, de plus en plus bruyants, pressés, préfabriqués, copiés[160]. Le botaniste se fait témoin (et défenseur) d'un monde où sont à l'œuvre d'autres valeurs : la lenteur, la fantaisie, la surprise, la liberté, la beauté, la tranquillité, l'égalité des chances. Réfutant en outre les valeurs « modernes » de court terme, il prône une attention au long terme, ne conjuguant jamais sa passion à un seul temps mais toujours à plusieurs : au présent (par ce qu'il observe à l'instant t), au passé (en convoquant sans cesse les observations de ses prédécesseurs pour mieux se référer à ce que la nature était *avant)* et au futur (s'interrogeant inévitablement sur le sort qui sera réservé *après* aux milieux et aux plantes rencontrées).

Intermédiaire entre la ville et la campagne, entre le passé et l'avenir, il l'est aussi entre l'ici et l'ailleurs : sa passion l'ayant souvent conduit à s'intéresser à des espaces variés, il se fait écho de comparaisons entre les lieux qu'il fréquente : les riches et les pauvres (en espèces différentes bien sûr, pas en potentiel économique), les beaux et les laids, les originaux et les banals… Dans cette mise en perspective du territoire, l'état de santé des plantes et de la nature est perçu comme un indicateur de l'état de santé du monde. L'évolution du monde végétal est pensée comme un miroir de celle du monde humain, subissant la marche lente et semble-t-il inexorable de l'uniformisation et de la mondialisation. Les plantes semblent ainsi, pour les botanistes, nous alerter de faits plus ou moins dramatiques qui pourraient aussi concerner les hommes ; s'ils brandissent avec force la menace des espèces envahissantes et de l'artificialisation des milieux, c'est aussi parce qu'ils rejettent l'idée d'un monde uniforme et banalisé ; s'ils se soucient tant de la préservation d'espèces rares et menacées, c'est encore pour dire l'intérêt d'un monde varié, laissant libre cours à l'expression de modèles (naturels et culturels) marginaux et hors normes.

Les botanistes se font ainsi les avocats d'un monde diversifié, étrange et paradoxal, à leur image.

---

[160] Que l'on soit dans les zones périphériques de Brest ou dans celles de Rennes, de Clermont-Ferrand ou de Nîmes, force est de constater, par exemple, que toutes les zones commerciales se ressemblent, ayant toutes les mêmes chaînes de magasins, les mêmes aménagements publicitaires et la même signalétique ; ainsi, aucun risque de perte de temps quand on y circule : ce qui est réclamé, c'est l'efficacité, pas le dépaysement !

Conclusion

Finalement, ce qu'Igor et les autres nous offrent par la voie de leur passion, c'est bien la possibilité de rendre concrète, visible et réelle la richesse du monde végétal. En parvenant à rencontrer et à nommer les plantes sauvages des espaces plus ou moins « naturels » qu'ils aiment à fréquenter, ils donnent en effet une identité et une valeur à ce qui constitue cette chose abstraite et floue que certains scientifiques, relayés par les médias, nous ont peu à peu appris à appeler la « biodiversité ».

À l'heure du déploiement des hautes technologies, au moment où la modélisation a supplanté les sciences d'observation et règne en maître dans les laboratoires de recherche, la botanique fait parfois figure de jeu bien futile et désuet, se satisfaisant d'outils vieillots (de modestes loupes) et n'amusant à première vue que quelques naïfs, maniaques et romantiques dont la langue principale de communication n'en est pas moins qu'une langue morte, le latin.

Mais que veulent nous dire ces scientifiques d'une autre veine ? Que racontent-ils quand, par le truchement de leurs inventaires et de leurs listes d'espèces, ils évoquent cette nature sauvage que peu considèrent et connaissent ? Paraissant enfermés dans leur monde, le monde des plantes, c'est en réalité un message sur le monde des humains qu'ils nous adressent, un message sur le monde dans lequel nous vivons et sur les choix de société que nous faisons.

S'ils affichent un certain dédain pour les approches utilitaristes du végétal, c'est pour mieux revendiquer la possibilité de maintenir des espaces de nature non assujettie, des lieux où les non-humains pourraient exister pour eux-mêmes, hors d'un rapport de soumission à l'espèce humaine.

En se vantant d'avoir réussi à pénétrer ce monde « sauvage » et en révélant le plaisir qu'ils en retirent, ils nous rappellent simplement que nos sociétés se sont fondées sur la reconnaissance de ces espaces inhabituels et indomptés, situés en marge des zones de civilisation, des « alter-espaces » où se jouent d'autres règles, d'autres normes, qui ont permis toutes les transgressions et qui nous relient à un autre temps. Outre leur valeur « naturelle », ces espaces témoins ont une valeur symbolique majeure ; c'est cette valeur, aussi, que défendent les passionnés de nature.

En alignant à n'en plus finir les noms des espèces qu'ils reconnaissent, en les rangeant méthodiquement dans des listes froides aux allures d'inventaires d'épiciers, c'est en réalité la diversité et la fantaisie de la nature qu'ils s'attachent à révéler; ils peignent ainsi le portrait d'un monde où le dissymétrique, l'hétérogène, le fortuit, la bizarrerie et la surprise sont la règle. Ce faisant, ils nous invitent à une réflexion sur le monde que nous construisons peu à peu, qu'ils perçoivent comme un monde où la norme est l'homogénéité, le similaire, le bien rangé, le sécurisé et le prévisible, un monde « modèle » et modélisable, caractérisé par l'omniprésence totalitaire de l'homme. À contre-courant de cette évolution inexorable, ils rêvent d'un monde moins inégalitaire, laissant une place aux minorités silencieuses, les plantes et les animaux sauvages, un monde ayant sa part de lieux alternatifs, où toutes les espèces dans leur diversité et où le calme, le sinueux, le danger et l'imprévu auraient voie au chapitre.

En homologie avec le monde dont ils rêvent ou qu'ils défendent, les botanistes font figure de personnages décalés, en marge eux aussi de la société et en particulier de ses modèles scientifiques dominants. Cette position décalée n'est toutefois pas forcément négative et le caractère marginal de ces passionnés pourrait bien constituer, au final, une vraie force. Car en y regardant de plus près, on peut aussi voir les botanistes comme des ambassadeurs utopiques de cet alter-espace « naturel » des porte-paroles des plantes et de leurs habitats, défenseurs de leurs espaces de vie auprès d'une société qui voit et connaît de moins en moins la nature et ses habitants non-humains. Par leurs travaux, ils rendent compte d'un monde dont ils sont devenus des connaisseurs intimes. Le botaniste apparaît finalement comme un médiateur entre le monde des humains et celui des végétaux dont il possède les clés. Capable de s'y immerger pour le comprendre et de s'en détacher pour en rendre compte, il fait ainsi, et cela fait sa force, figure d'interprète de la réalité du monde végétal, monde dont l'humanité entière a besoin.

Son avenir et sa reconnaissance dépendent désormais à la fois des chemins choisis par nos sociétés et de ses choix personnels : pour l'instant, sa position instable et mouvante crève les yeux, oscillant entre deux voies possibles. La première consistera en la poursuite d'une quête d'espaces en marge, vécus comme lieux de refuge, d'évasion et d'apaisement ; cette voie de la marginalité, il l'a empruntée depuis longtemps, avec persévérance et difficulté mais pour le plus grand délice. Elle est l'une des conditions indispensables de l'expression de la passion naturaliste et de tout épanouissement personnel ; le prix à payer est l'acceptation d'être regardé en tant qu'être décalé par rapport aux valeurs dominantes du monde occidental (le court-terme, la rapidité, le lucratif et l'utilitaire, notamment). L'autre possibilité est de faire un pas vers ces valeurs de modernité, et de s'affirmer en tant qu'homme de science au service de la société humaine et d'en accompagner les évolutions. En revendiquant un rôle d'expert et de connaisseur inimitable d'un monde jugé parfois en déperdition, il renforcera sa position clé et fera valoir sa capacité à être l'un des garants d'un dialogue maintenu entre l'homme et la nature, l'un des passeurs des frontières entre les humains et les non-humains.

Bibliographie

ALPHANDERY P. et FORTIER A., 2013 – Les données sur la nature entre rationalisation et passion. *Revue du MAUSS*, 2013/2 n° 42, p. 202-220. DOI : 10.3917/rdm.042.0202

BROMBERGER C. (coord.), 1998 – *Passions ordinaires. Du match de football au concours de dictée*. Paris : Bayard. 544 p.

CAILLOIS R., 1967 – *Les jeux et les hommes ; le masque et le vertige.* Paris : Gallimard. 373 p.

CANDEGABE Ph. et BODIN Ch., 2001 – Matériaux pour une histoire de la botanique en Berry : les botanistes, leurs publications et leurs herbiers. I. Des origines à 1905. *Symbioses,* 2001, nouvelle série, n° 5 : 41-72.

CHALINE J.-P., 1995 – *Sociabilité et érudition. Les sociétés savantes en France.* Paris : éditions du CTHS. 270 p.

CHANVALLON S., 2009 – Anthropologie des relations de l'Homme à la Nature : la Nature vécue entre peur destructrice et communion intime – [Thèses en ligne] mise en ligne le 13 septembre 2010, consultée le 23 janvier 2014.

CHARVOLIN F., 2009 – Comment penser les sciences naturalistes « à amateurs » à partir des passions cognitives ? *Natures Sciences Sociétés,* n° 17 : 145-154.

CHEVALLIER D. (dir.), 1991 – *Savoir faire et pouvoir transmettre.* Collection Ethnologie de la France (6). Paris : Maison des sciences de l'homme. 265 p.

CHEVALLIER D., 1991 – Des savoirs efficaces, *Terrain* [En ligne], 16|1991, article mis en ligne le 06 juillet 2007, consulté le 10 mars 2013. URL : http://terrain.revues.org/2992 ; DOI : 10.4000/terrain.2992

CHRISTIN R., 2000 – *L'imaginaire voyageur ou l'expérience exotique*. Paris : éditions L'Harmattan. 235 p.

DALLA-BERNARDINA S., 1996 – *L'utopie de la nature*. Paris : Imago. 304 p.

DALLA-BERNARDINA S., 2012 – *L'appel du sauvage – Refaire le monde dans les bois.* Rennes : Presses universitaires de Rennes. 214 p.

DAYRAT B., 2003 – *Les botanistes et la flore de France : trois siècles de découvertes.* Paris : Publications scientifiques du Muséum national d'histoire naturelle. 690 p.

DELAPORTE Y., 1986 – L'objet et la méthode, Quelques réflexions autour d'une enquête d'anthropologie urbaine. *L'Homme*, t. 26 n° 97-98 : 155-169.

DESCOLA P., 2011 – *L'écologie des autres. L'anthropologie et la question de la nature*. Versailles : Quae. 107 p.

DIBIE P., 1998 – *La passion du regard. Essai contre les sciences froides.* Paris : éditions Métailié. 186 p.

DROUIN J.-M., 2008 – *L'herbier des philosophes.* Paris : Seuil. 314 p.

FLAHAULT F., 2013 – L'homme fait-il partie de la nature ? *Revue du MAUSS*, 2013/2 n° 42, p. 125-128. En ligne : article consulté le 2 janvier 2014. DOI : 10.3917/rdm.042.0125.

GAUTHIER-CLERC M., MESLEARD F., BLONDEL J., 2014 – *Sciences de la conservation*. Ed. De Boeck. 346 p.

GEERTZ C., 1998 – La description dense : vers une théorie interprétative de la culture. *Enquête* [En ligne], 6 | 1998 : 73-105. Mis en ligne le 21 janvier 2009, consulté le 14 janvier 2014. URL : http://enquete.revues.org/1443

GEERTZ C., 1996 - *Ici et là-bas, l'anthropologue comme auteur*. Paris : Métailié. 155 p.

GHASARIAN C. (dir.), 2002 – *De l'ethnographie à l'anthropologie réflexive. Nouveaux terrains, nouvelles pratiques, nouveaux enjeux.* Paris : Armand Colin, Coll. U. 249 p.

GIUST-DESPRAIRIES, 2009 – *L'imaginaire collectif*. Toulouse : Erès. 255 p.

HADOT P., 2004 – *Le voile d'Isis*. Paris : Gallimard. 394 p.

LAPLANTINE F., 2005 – *Le social et le sensible. Introduction à une anthropologie modale*. Paris : éditions Téraèdre. 220 p.

LATOUR B., 1993 – *La clef de Berlin et autres leçons d'un amateur de sciences*. Paris : La découverte. 252 p.

LIZET B., 1989 – Naturalistes, herbes folles et terrains vagues. Paris : *Ethnologie française.* 19 (3) : 253-272.

MATAGNE P., 1999 – *Aux origines de l'écologie. Les naturalistes en France de 1800 à 1914.* Paris : éditions du comité des travaux historiques et scientifiques. 302 p.

MATAGNE P., 2006 – Les sciences citoyennes. Vigilance collective et rapport entre profane et scientifique dans les sciences naturalistes. Compte rendu de colloque (Saint-Étienne, 13-14 janvier 2005), *Natures Sciences Sociétés*, 2006/4 Vol. 14, p. 425-427.

MAUSS M., 1936 (1968) – *Les techniques du corps.* Sociologie et anthropologie. Paris : Presses universitaires de France : 363-396.

MAUZ I. et GRANDJOU C., 2011 – Rendre visibles les travailleurs invisibles. *Terrains & travaux* 1/2011 (n° 18), p. 121-139. URL : www.cairn.info/revue-terrains-et-travaux-2011-1-page-121.htm, consulté le 2 janvier 2014.

MAXWELL J. A., 1999 – *La modélisation de la recherche qualitative.* Editions Universitaires Fribourg (Suisse). 202 p.

MORAT P., AYMONIN G., JOLINON J.-C. (dir.), 2004 – *L'herbier du monde. Cinq siècles d'aventures et de passions botaniques au Muséum national d'histoire naturelle.* Paris : éditions du Muséum national d'histoire naturelle. L'iconoclaste. 239 p.

NOEL M., 2007 – Des sciences citoyennes ? La question de l'amateur dans les sciences naturalistes. *In* CHARVOLIN F., MICOUD A., NYHART L. (coord.), 2009 – *Revue d'anthropologie des connaissances,* 2009/3 Vol. 3, n° 3, Paris : Editions de l'Aube. 550-553.

OLIVIER DE SARDAN J.-P., 1995 – La politique du terrain, *Enquête.* [En ligne], mis en ligne le 10 juillet 2013, consulté le 10 août 2013. URL : http://enquete.revues.org/263; DOI : 10.4000/enquete.263.

OLLIVIER B. (coord.), 2009 – *Les identités collectives à l'heure de mondialisation*. Paris : CNRS Editions. 148 p.

PIASERE L., (2002) 2010 – *L'ethnographe imparfait. Expérience et cognition en anthropologie*. Cahiers de l'Homme n° 40. Paris : EHESS. 238 p.

PIERREL R. et REDURON J.-P., 2004 – *Les herbiers : un outil d'avenir. Tradition et modernité.* Villers-lès-Nancy : AFCEV. 357 p.

PIERRON J.-P., 2013 – Au delà de l'anthropocentrisme : la nature comme partenaire. *In* « Que donne la nature ? L'Écologie par le don », *Revue du Mauss*, n° 42 : 41-48.

PONTILLE D., 2006 – Qu'est-ce qu'un auteur scientifique ? *Sciences de la Société*, n° 67 : 77-93. Consulté le 21/06/2014 sur http://halshs.archives-ouvertes.fr/docs/00/26/17/93/PDF/PontilleSciencedelaSociete 2006.pdf.

RAYNAL-ROQUES A., 1994 – *La botanique redécouverte.* Paris : Belin. INRA Éditions. 512 p.

ROUX J., CHARVOLLIN F., DUMAIN A., 2009 – Les passions cognitives ou la dimension rebelle du connaître en régime de passion. Premiers résultats d'un programme en cours, *Revue d'anthropologie des connaissances*, 2009/3 Vol. 3, n° 3 : 369-385. DOI : 10.3917/rac.008.0369

Annexe : Les botanistes… vus du dehors : 30 images mentales concernant les botanistes[161]

Un botaniste c'est quelqu'un qui travaille sur les plantes et il les regarde à la loupe pour les voir. C'est un vieux pépé. Comme dans « La conquête du Marsupilami » [Film de Alain Chabat].

Corentin, 7 ans.

Oui, le terme "botaniste" est évocateur. En ce qui me concerne, j'imagine aussitôt un homme habillé en vert, tenue de rando de rigueur, chapeau vert à larges bords, lunettes sur le bout du nez et armé d'une loupe. Il est distrait, complètement absorbé par l'observation de la nature exubérante dans laquelle il évolue avec volupté et passion. Il se déplace, courbé en deux pour observer les plantes au plus près ou, le nez en l'air vers les espèces aériennes qu'il ne peut, hélas, ni approcher ni toucher. Les plantes sont son univers quotidien duquel il ne s'évade jamais, devenant presque misanthrope pour l'amour des plantes. Il croule sous le poids de ses instruments entassés sur son sac à dos : pinces pour saisir quelques spécimens, bloc-notes pour noter toutes les particularités observées, crayons ou fusains pour esquisser les nouvelles espèces découvertes ou les inconnues et les répertorier, manuels du parfait botaniste pour vérifier les hypothèses, loupe, sécateur ou ciseaux pour prélever quelques échantillons, petites fioles pour les conserver puis les ramener dans un laboratoire, petite pelle pour ramener une racine ou un extrait de la terre dans laquelle se développe la plante rare qui intrigue. Rien ne l'arrête et sa passion nourrit de rêves le botaniste qui ne vit que pour et par cette recherche perpétuelle d'espèces rares en voie de disparition ou inconnues. Notre homme est un scientifique, un chercheur au sens propre du terme ! Il aime et respecte la nature qui l'environne et qu'il vénère !

M.-M., 60 ans, institutrice

Un botaniste ? Quelqu'un de très consciencieux, et un peu rêveur… je confonds plusieurs images… Je vois un jardinier et un chercheur de papillon qui se superposent… pas du tout rationnel mon botaniste…

V., 49 ans, journaliste

---

[161] Cette enquête a été réalisée en juin 2013 auprès de soixante-huit personnes (amis, parents et connaissances plus ou moins proches) par courrier électronique et par questionnement direct. Pour l'enquête par courriel, la question posée était : « *Pouvez vous me dire, en 3 à 20 lignes ce que ce mot [botaniste] vous inspire : qu'est-ce qu'un botaniste, qu'est-ce qu'il fait, comment est-il, qu'est-ce qu'il représente pour vous ? Si par exemple vous étiez metteur en scène de théâtre ayant à inventer un personnage de botaniste, comment serait-il ? Dans quel genre de décor serait-il ? Que ferait-il ?* »

Un botaniste, c'est quelqu'un qui est cap' de ramasser une graminée, quelque chose que quelqu'un de normal ne ramasserait pas. Dans une zone industrielle (c'est plus pittoresque) et il rentre à la maison, il sort une flore en grec ancien qui trône sur la table de la cuisine et il te sort le nom. Et il est tout content. C'est des gens sympas en général, mais c'est chiant de faire des balades avec eux car ils mettent 3 heures à faire 2 mètres. En général, ils s'en foutent de voir un Camélia, mais ils sont super contents de trouver un brin d'herbe parce qu'ils t'expliquent que c'est pas un brin d'herbe.

C., 21 ans, étudiante (fille de botanistes)

Un botaniste est d'abord masculin et chenu. Affublé de petites lunettes dues à ses recherches incessantes et passionnées (il n'a pas de vie personnelle ni affective car sa raison de vivre est la botanique), il passe sa vie dans les bois, champs (il ne connaît pas les centres commerciaux et encore moins les zones artisanales ni autoroutes et autres désagréments du 20e siècle car il n'a pas survécu à la révolution industrielle) avant de s'enfermer dans sa hutte au fond des bois, laquelle hutte a été construite par des gens du coin selon ses desiderata car il n'est lui-même que peu manuel et pas très costaud. Cependant c'est avec plaisir que les habitants ont prêté main forte (un peu comme les animaux de la forêt dans Blanche-Neige avec le lapin, les oiseaux qui font tout le taff de cette feignante de princesse...) car sa science est reconnue comme pouvant être profitable à toute la communauté ou redoutable. Ainsi à l'heure où blanchit la campagne arpente-t-il les sentiers inconnus du quidam de base avec son panier en osier au fond duquel sont délicatement recueillies des plantes (plutôt fleuries car c'est une image plus colorée et donc plus jolie) qu'il s'empressera d'identifier à la tombée de la nuit (à l'aide d'une bougie et une seule car il n'est pas fortuné : sa passion lui a fait oublier les contingences de ce monde). Ermite, il n'a pas besoin de grand-chose pour vivre si ce n'est, à l'occasion d'une rencontre avec l'un de ses pairs, d'une ou deux bonnes bouteilles d'une liqueur de sa composition (à base de plantes évidemment) qui enflammera ses joues et éventuellement réveillera sa libido (arrive doucement l'image du moine égrillard...). Sa vie s'éteindra doucement et paisiblement laissant à la communauté scientifique des montagnes de cahiers voire parchemins remplis d'une écriture appliquée mais peu lisible dans lesquels des plantes oubliées ou en voie de disparition auront été consignées et reprendront vie sous forme littéraire.

V., 50 ans, professeure en collège.

Le botaniste est l'ami du géomètre, c'est en quelque sorte son bon génie. Le géomètre mesure, calcule et donne ses conclusions qui déplaisent à tous. Et là, le botaniste se penche dans son oreille et lui dit "Mais non géomètre, tu ne peux pas tracer tout droit sinon tu vas séparer ces campanules des véroniques, et les fougères risquent de se retrouver coincées dans un angle, il faut que tu places tes bornes ailleurs !" Le géomètre recommence alors et tout le monde est heureux. Tous les géomètres devraient se trouver un botaniste, un vrai avec son grand livre tellement épais des plantes qu'il a collées qu'il a du mal à le porter.

Malheureusement, les géomètres ont des combinaisons oranges et des vilains poteaux avec de drôles d'instruments et les botanistes ont presque tous disparu faute de plantes à coller dans leurs gros herbiers.

L., 40 ans, directeur d'entreprise

Alors pour moi, le botaniste étudie les plantes, les classe, travaille à la préservation des espèces, en invente des nouvelles. Il peut aussi faire des huiles essentielles ou des remèdes à base de plantes (à moins que ce ne soit l'herboriste ?). Dans mon imaginaire, le botaniste se présente comme un "promeneur solitaire" à la Rousseau. Je me représente une personne extrêmement érudite qui aime partager son savoir. Il travaille aussi bien en laboratoire que dans la nature mais je l'imagine surtout dehors, au plus près des plantes. Je le vois également écolo convaincu et avec une grande ouverture d'esprit. Le botaniste a pour moi une image très positive. D'un point de vue vestimentaire, je le verrais bien avec un grand chapeau de paille, des lunettes et un tablier vert (assez proche du cliché du jardinier).

P., 23 ans, étudiante.

Bob Marley était botaniste non ?

C., 45 ans, responsable de port.

À mon avis, un botaniste digne de ce nom est un naturaliste doué. D'une part l'acquisition des connaissances en ce domaine complexe, ne serait-ce qu'à cause de la difficulté rencontrée dès les premières approches (identification des taxons exigeant de la méthode, de la rigueur, de la mémoire…). D'autre part le botaniste, pour progresser et dépasser le seul stade de la systématique et comprendre la localisation des espèces et groupes d'espèces qu'il étudie, est amené à se poser des questions relatives à l'influence des facteurs écologiques et par là même à intégrer le vivant dans le biotope. Enfin, le/la botaniste est délicat car il/elle aime la beauté qui se niche dans les détails, un peu comme les amateurs de papillons. Donc je pense que le botaniste constitue sans doute l'exemple du naturaliste le plus réussi. Il se distingue en cela de l'ornithophile où du chiroptérophile de base (…).Si j'étais metteur en scène de théâtre mon/ma botaniste : il/elle serait vêtu de fringues assez moches, un peu déchirées (preuve qu'il/elle n'hésite pas à pénétrer dans un roncier ou un fourré à pruneliers pour voir ce qu'il y a dessous). Aurait une ou deux feuilles mortes ou brins d'herbe dans les cheveux. Lors de son apparition à l'acte 2 serait soit à quatre pattes le nez collé au sol, soit penché en avant et le postérieur bien tendu. Avec une aiguille ou une tige quelconque il fouillerait parmi des plantules. Juste à côté il y aurait un beauf tenant en laisse un énorme clébard chiant sur une plante protégée. Si c'était un garçon, sous ses cheveux ébouriffés il aurait des lunettes dont un des verres serait sale, à cause qu'il viendrait de l'essuyer avec un doigt préalablement trempé dans la tourbe. Si c'était une fille, elle serait assez jolie, les cheveux maintenus en un chignon fait à la va-vite mais découvrant la nuque, n'aurait pas de lunettes.

B., 55 ans, professeur.

Mon botaniste est un puriste assez psychorigide, pas spécialement sympathique... mais ils ne sont pas tous comme ça... Il est plutôt grand et porte toujours un grand chapeau car, comme il a la tête toujours baissée, son crâne est très exposé au soleil, surtout lorsqu'il prend de l'âge... La plupart des botanistes sont vieux (on ne sait pas ce qu'ils ont fait avant) mais celui-là est jeune, entre 25 et 35 ans ! Sa passion guide sa vie surtout si c'est un homme et sa compagne a intérêt à aimer la botanique ! Il est très organisé, ses milliers de photos figurent dans le site internet qu'il a créé. Il en est très fier. Ce qui me frappe dans son caractère, c'est ce mélange entre un côté assez rigide (tout est classé, compartimenté) et un côté "romantique" qui s'anime pour une toute petite fleur, à première vue insignifiante, mais qui fait battre son cœur... Contrairement aux " botanistes amateurs", plus fantaisistes mais moins pointus dans leur discipline, et qui s'écartent volontiers vers des sujets comme "les vertus médicinales des plantes", ou "la cuisine des plantes sauvages", mon botaniste ne s'intéresse que vaguement à ces sujets "périphériques". Alors qu'il est scandalisé par les destructions des stations de plantes protégées, il va éventuellement alerter les pouvoirs publics mais n'ira pas jusqu'à engager des actions en justice. Il considère que c'est à d'autres de le faire, les militants. Lui il travaille pour la Connaissance.

P., 50 ans, salariée d'une association de protection de la nature.

Un botaniste, c'est quelqu'un qui n'a rien à foutre de ses journées et qui regarde les petites fleurs pousser dans les champs. Il/elle porte souvent un panier sous le bras, au cas où il y aurait des champignons, mais ne peut se permettre d'en ramasser trop car il faut surveiller les fleurs. Je crois aussi que le/la botaniste porte des bottes en caoutchouc, (...) plutôt un ciré. Mais le plus important, c'est qu'il/elle se promène dans la nature (...). En rentrant à la maison, le/la botaniste se prépare une bonne soupe de pistils de pâquerettes, tout en lisant un ouvrage sur les plantes carnivores, car, étant végétarien(ne), il/elle se questionne beaucoup sur ces choses étranges capables de se nourrir d'un bon steak au petit déj. Le reste de son temps, le(la) botaniste le passe à méditer sur les arbres de la préhistoire, période à laquelle il/elle aurait beaucoup aimé vivre. (...) Ah oui : c'est aussi quelqu'un qui adore les vaches, car elles se délectent avec de l'herbe. Il/elle partage souvent ses repas avec ces délicieux bovidés, les imitant et broutant à foison dans les prés alentour avant de s'allonger sur un tapis de verdure pour un repos bien mérité. C'EST ÇA UN VRAI BOTANISTE ! Bon, si j'ai le temps, je décrirai un autre type de botaniste dans un prochain mail, mais je peux déjà dire que pour moi, c'est quelqu'un de calme, posé, patient.

S., 45 ans, métreur.

Quand je pense à botaniste, au-delà du fait qu'il parle bien évidemment couramment latin (...) je pense à Sherlock Holmes... Ben oui, tout y est ou presque. (...) Le chapeau : si le botaniste craint le soleil, il craint aussi la pluie et cet accoutrement de base lui est donc tout à fait approprié. Le regard perçant : il faut avouer qu'un botaniste n'est rien s'il n'a pas cette capacité du regard, de l'observation, du détail, voire de la méticulosité... À noter que le botaniste, comme

Sherlock, a le regard fixé au sol, à la recherche non d'indices du meurtre de Mrs. Parksbell, mais d'une rare plantouze, invisible à l'œil nu du premier (voire second) néophyte qui lève le nez pour humer l'air (et à la différence des ornithos qui ont toujours le nez en l'air à la recherche d'une rare plumée). La loupe : certes plus petite chez nos amis les botanistes, elle n'en reste pas moins « ze » accessoire qui n'en est pas un, tant il est indispensable pour ce dernier. Le manteau : (...) pour courir les prés et les landes (...) une bonne veste qui ne craint pas le crachin ni les ronces et autres espèces emmerdantes (hi ! hi !) est quand même de rigueur pour le botaniste. Les traces : un botaniste qui a toujours le nez en bas, ne peut que remarquer les traces (d'animaux bien sûr !) car il n'est pas monomaniaque (euh...?). Il lui manque quelques éléments à ce Sherlockus Homles *pour être un vrai botaniste, un carnet : comme tout naturaliste, le botaniste ne part jamais sans son calepin... voire même qu'il trimballe dans sa sacoche en bandoulière (en lin ou en cuir) un bottin, une bible pour déterminer les plantouzes rares, inconnues ou incertaines. Les bottes : c'est bien joli les mocassins mais moyennement adapté au botaniste qui parcourt vallées, prairies, landes, tourbières et autres milieux ingrats peu accessibles et pas toujours accueillants pour le promeneur du dimanche.*

M., 45 ans salariée d'une association de protection de la nature.

Un botaniste ?... C'est Fabre !

B., 65 ans, ostéopathe.

Pour moi l'image est double, celle d'un homme, plutôt la cinquantaine, doux et un peu rêveur, habillé un peu comme un jardinier (bottes et tablier). C'est pour lui un passe-temps, une passion. Il vit avec un éternel guide de plantes entre les mains. Il collectionne dans sa tête et coche dans son guide. Le décor est très champêtre (avec beaucoup de fleurs), c'est le printemps, il fait beau et c'est parfait pour herboriser. Il s'intéresse d'ailleurs plus aux fleurs qu'il examine longuement en tournant les pages de son guide. Il émet tout haut des hypothèses et grommelle quand il ne résout pas l'énigme : trouver le nom, la famille... Il connaît aussi des plantes médicinales et aime boire des tisanes de son invention, le soir. Et puis il y a la version plus ancienne, 19e, de l'homme fortuné qui collectionne des plantes et fait des herbiers. Cette version est plus sévère, redingote noire et grand chapeau. Il a mis en place un club de botanistes, donc déplacements de groupe (alors que le premier, mon "jardinier" cinquantenaire, est plus solitaire).

M., 48 ans, professeure.

Un botaniste, c'est un mec (...) qui, quand tu te promènes avec lui, il s'arrête tous les mètres regarder les plantes pour voir combien de tiges elles ont ou autre chose, alors que la plupart des gens, ils s'en foutent.

M., 16 ans, lycéen (fils de botanistes).

Un botaniste, ça n'existe presque plus. Quand j'imagine un botaniste, je vois Michel Simon dans le film de Louis Jouvet, qui fait des expériences de croisement de fleurs dans sa serre. En réfléchissant mieux, ça pourrait être aussi un gars dans un laboratoire avec une chemise blanche et un gilet. Mais ça, d'habitude, c'est plutôt les chimistes.

C., 50 ans, musicien.

Botaniste : c'est un monsieur, avec un short (il sort plutôt à la bonne saison), des chaussures de marche ou des bottes en fonction des lieux fréquentés, il porte des lunettes, il a les cheveux ni trop courts ni trop longs mais forcément ébouriffés et pas très abondants. Il porte une besace où l'on peut imaginer qu'elle contient, au minimum, une loupe, un carnet et un crayon (pour prendre des notes, faire des croquis...), un cahier avec des feuilles de papier buvard pour stocker les précieux échantillons et... la ou les flores. Il est donc plutôt dehors, déterminé, marchant, escaladant, sautant comme un cabri, jusqu'au moment où il tombe en arrêt devant l'objet de ses recherche et là... accroupi, puis assis, sans bouger, il tient du bout des doigts, avec précaution, en regardant longuement sous toutes les coutures ce que nous appellerions, nous les non-botanistes une "herbe". Il ouvre alors sa flore, et ses yeux se posent à tour de rôle sur la plante, puis la flore, puis la plante, puis la flore, puis la plante, puis.... Et cela avec une telle concentration que plus rien n'existe autour.

O., 50 ans, responsable associative.

C'est une jolie jeune femme un peu illuminée, chaussée de bottes en caoutchouc, pleine de couleur, équipée d'un ciré jaune ou rouge, toujours prête à faire un petit cours sur le rhododendron invasif en Irlande, ou l'élodea, ou encore la dernière saloperie observée dans les bassins de jardineries, qui se retrouveront immanquablement dans la nature un jour ou l'autre, implantées par un jardinier amateur inconscient. Cette botaniste, avec un air d'éternelle étudiante, peut être affublée d'un écologue de terrain pas moins illuminé, marchant pieds-nus été comme hiver. Ils s'extasieront ensemble et de concert devant une salicorne poussant dans une anfractuosité de rocher qui ne lui était pas destinée... Le coffre de leur voiture est en général jonché d'un amoncellement de bouquins, pas tous en relation avec la botanique, de la paire de bottes de couleur, d'un bâton, du reste de pique-nique de la précédente sortie sur le terrain et bien d'autre chose... Cette botaniste préfère le terrain au labo (...). Elle est très fréquentable et à l'antipode de l'image du botaniste qui quittait son laboratoire, ses bouquins, et son herbiers pour une excursion à la campagne, chez le bouseux, pour lui apprendre le nom latin du châtaignier, et briller devant la cour, qu'il ne manquait d'amener avec lui, au moment du déjeuner à la ferme.

M., 50 ans, responsable d'une jardinerie.

Un personnage mi-ange mi-homme, il a quelque chose de mystérieux et aérien ; comme la plante qui a les racines dans le sol et la tête dans l'air. Plutôt silencieux, un peu voûté, avec petit mal de dos, regrettant l'ère de Lucie, car il serait mieux à 4 pattes ; il parle mi-latin mi-français ; il semble lent mais est seulement prudent. Il a un chapeau. Il est reposant et de compagnie agréable. Il est bien évidemment curieux, mais pas social ; il ne sait pas ton nom mais saura quelle plante pousse derrière ta maison. AU THÉÂTRE : un épouvantail ou un troubadour... Un personnage apaisant et amusant. Entre "Tournesol "et un saint avec une auréole.

A., 65 ans, institutrice en retraite.

Instantanément, quand j'entends le mot botaniste, je pense au professeur Chourave. Pomona Chourave, professeur de botanique à l'école de sorcier Poudlard. Harry Potter n'a pas l'air de beaucoup s'intéresser à ses cours d'ailleurs. Son ami Neville Londubat, par contre, se passionne pour cette matière. Neville Londubat il est cool mais un peu naïf, voir niais. Au fur et à mesure de l'histoire il prend de l'assurance. Si je devais imaginer un décor de théâtre il serait constitué de bocaux argentés, en verre et transparents, de toutes les formes et de toutes les dimensions. Cela ferait penser à un laboratoire futuriste dans une verrière. La scène serait baignée dans un faisceau de lumière verte mouvante. Le fond sonore serait discret et composé de bruit d'insectes, de pluie et de paquets de feuilles d'arbres qu'on remue. C'est le film "Minority Report" de Spielberg qui me fait penser à ça : il y a une serre où les plantes sont (à mon avis) OGM et la botaniste est une personnalité excentrique (un peu vieille folle).

E., 21 ans, étudiante.

Voici le cliché qui me vient immédiatement à l'esprit quand on me parle de botaniste. Tout d'abord il s'agit immanquablement d'un homme. Un homme d'une autre époque qui ne peut être pour moi que le 18e ou 19e siècle. Il est assez grand, plutôt bien découplé. Il porte un chapeau à larges bords, une veste mi-longue et des bandes molletières. Il marche les mains derrière le dos, la tête penchée vers le sol du milieu assez ouvert dans lequel il se déplace et, bien sur, y fait rien qu'à regarder les plantes. Il est en exploration dans une terra incognita *qui ne le restera pas longtemps. Je n'ai pas particulièrement envie de l'interrompre car il y a de fortes chances pour qu'il me parle de botanique et c'est un sujet auquel j'ai du mal à m'intéresser. En revanche, je suis certain que c'est un chic type, pétri d'humanisme et imprégné de l'esprit des Lumières.*

D., 50 ans, marin.

Botanistes ? J'en ai connu qui aimaient préparer une sortie nature à la rencontre des fleurs pour les enfants, les adultes ; pour partager leur passion, évoluer dans un milieu naturel riche, transmettre des connaissances. Leur vie était remplie de moments partagés en pleine nature. Ils s'appelaient animateurs nature, accompagnateurs moyenne montagne, autodidactes pour certains, ouverts sur le monde ou enfermés dans leur passion... botanistes ?

B., 53 ans, travailleur social.

Ce métier m'évoque Adibou, personnage d'un jeu auquel je jouais sur l'ordinateur quand j'étais petite. Il nous guidait jusqu'à son jardin où l'on pouvait planter différentes fleurs, plantes qu'on pouvait arroser pour les voir évoluer : fleurir, pousser, faner. Lorsque l'on me parle d'un botaniste, je me représente encore aujourd'hui ce bonhomme à la casquette rouge, s'occupant de plantes, les observant pendant de longs moments.

M., 19 ans, étudiante.

Un botaniste ? C'est un vieux qui a mauvais caractère... Comme dans le film Marsupilami. Il est dans une serre et il trouve une formule magique avec des plantes et il redevient jeune.

Amélie, 9 ans.

La lenteur, le contre-pied du monde moderne. Le goût du détail, une forme de sagesse, la patience. Une forme de décalage (bénéfique) avec les autres. L'interprète ou le porte-parole de l'immense partie muette du vivant (même si la botanique actuelle apporte des éclairages nouveaux sur la question !). Mammifères et oiseaux se font entendre. Une forme de pacifisme.

A., ~60 ans, instituteur en retraite.

Il y a un conflit d'images dans ma tête, entre le botaniste dans l'histoire, la vision 18e et la vision du botaniste contemporain, tout tourne dans ma tête, la paillasse, le Muséum d'histoire naturelle, le jardin des plantes, les expéditions, les herbiers, l'écriture penchée, à l'encre passée, les bateaux qui transportent les graines, les plantes invasives. Là, je vois un personnage vert, dans les tons vert d'eau, voire habillé en vert, c'est plutôt un homme, il porte des lunettes, ou est à quatre pattes les yeux rivés sur sa loupe, il a un air de savant, et parfois dans ma tête une barbe, il porte un sac à dos, en toile, beige ou blanc écru, assez léger, une toile un peu fluide, dedans, il a des tubes, un cahier et des extraits de plantes. Et puis il y a le botaniste moderne, celui de la fac de bio, celui [des bureaux d'études] qui va chercher les orchidées sauvages et les déplacer dans les plans de conservation (...). Là je vois plutôt des filles, qui mangent plutôt bio, cultivent leur jardin, achètent par l'AMAP, roulent à vélo (le cliché de l'écolo ?), souvent végétariennes, altermondialistes, qui se soignent sans la médecine allopathique, plutôt avec des plantes, de l'homéopathie ou des huiles essentielles. Et je vois toi, la seule vraie botaniste que je connais, scientifique, je t'imagine au Conservatoire, je vois des serres, des ordinateurs, des fichiers, des bases de données de plantes, plein de classeurs, des réunions, une ambiance assez tropicale, moite, (...)

C., ~31 ans, professeure.

C'est quelqu'un qui s'occupe des plantes, qui sait presque tout sur les plantes, qui va dans les serres. C'est un jardinier, entre les deux âges, dans une petite serre. Et il élève des plantes. Il fait pousser des tomates. C'est le vieux monsieur dans

Tistou les pouces verts qui apprend à Tistou comment on élève les plantes ou comment on sème des graines.

Mona, 10 ans.

C'est un homme. Dans des grandes serres avec des plantes qui viennent du monde entier. Il les collectionne. Il a une chemise avec des boutons, un pantalon de tous les jours, une barbe (petite) et des lunettes. Et peut-être un chapeau et une valisette pour récolter ses plantes. Il est passionné par les plantes qu'il va chercher dans la jungle.

M., 21 ans, étudiante.

Un botaniste, pour moi, c'est quelqu'un avec un petit chapeau de paille, un tablier plutôt bleu, une paire de sécateurs à la main, une petite moustache genre instit' début 20e, qui passe le plus clair de son temps dans sa serre à améliorer les fleurs qu'il adore. Il est plutôt sympa, pas très grand, et assez mince d'allure. Une espèce de Tournesol qui ne serait pas sourd, mais qui ne pourrait vivre sans son épouse qui lui concocte mille et un petits plats pour le tenir en forme. D'ailleurs, je pensais que ce métier avait disparu, si tant est que cela ait pu être autre chose qu'un simple hobby pour solitaire. J'oubliais, notre charmant botaniste est un peu maniaque avec ses plantes, à la demi-goutte d'arrosage près, et il se dit qu'il leur parle plus volontiers qu'aux humains.

C., 50 ans, musicien.

Table des matières

Sciences
aux éditions L'Harmattan

Dernières parutions

VALEUR (LA) DE L'ESPÈCE
La biodiversité en questions
Lherminier Philippe
Philippe Lherminier est généticien; il propose de s'interroger sans faux-semblant sur la valeur de l'espèce. Que perd-on lorsqu'une espèce s'éteint ? Quelle valeur disparaît ? Il y a de multiples réponses : l'espèce vaut parce qu'elle est utile ou inutile, abondante ou rare, connue ou inconnue, ancienne ou récente, proche ou lointaine, ressemblante ou différente de l'homme, comprise ou mystérieuse.
(Coll. Acteurs de la Science, 13.50 euros, 128 p.)
ISBN : 978-2-343-04141-4, ISBN EBOOK : 978-2-336-35913-7

QUESTIONNEMENTS D'UN OCÉANOGRAPHE
Une immersion dans le monde de la recherche et les questions éthiques qu'elle soulève
Pichevin Thierry
Ce livre décrit de l'intérieur le travail de recherche en océanographie physique de Thierry Pichevin, son contexte, ses méthodes et ses enjeux procurant ainsi au lecteur une immersion dans le quotidien d'un chercheur. D'autre part, il procède à l'analyse éthique rigoureuse des questionnements rencontrés, tout en montrant que tout chercheur peut être confronté à des questionnements comparables.
(22.00 euros, 226 p.)
ISBN : 978-2-343-03444-7, ISBN EBOOK : 978-2-336-35786-7

À L'OMBRE DES FORÊTS
Usages, images et imaginaires de la forêt
Sous la direction de Philippe Billet, Claire Harpet et Jean-Philippe Pierron
Qu'est-ce qu'une forêt ? De quoi sont faites les forêts ? Nous construisons tous une image de la forêt empreinte de vécus et d'imaginaires, procédant d'une accumulation de souvenirs, de connaissances et de représentations médiatiques et institutionnelles. A l'aune d'une prise de conscience de la finitude des ressources naturelles et du changement climatique, il est fondamental de savoir ce que la «forêt» veut dire.
(Coll. Éthique, droit et développement durable, 26.00 euros, 248 p.)
ISBN : 978-2-343-02807-1, ISBN EBOOK : 978-2-336-35819-2

UN BOTANISTE AUTOUR DU MONDE
Afrique, Amérique, Australie
Delange Yves
L'auteur, botaniste, nous invite à la découverte des différents milieux naturels peu connus des Européens, notamment ceux encore peu altérés par la civilisation et caractéristiques de formations extrêmement riches sur le plan de la diversité biologique, tels que les mattorales ou hauts plateaux mexicains, le bush, le veld et le fynbos en Afrique australe, ou encore le mulga, le mallee et la jarrah forest australiens.
(Coll. Biologie, écologie, agronomie, 25.00 euros, 256 p.)
ISBN : 978-2-343-03492-8, ISBN EBOOK : 978-2-336-35415-6

VOYAGES D'UN BOTANISTE EN EURASIE
France, Scandinavie, Italie, Grèce, Japon, Inde, Cambodge
Delange Yves
L'auteur, botaniste, nous présente ici nombre d'espèces végétales, à travers ses récits de voyages, des pays du nord de l'Europe jusque dans la lointaine Asie, avec des séjours dans différents espaces méditerranéens. Il livre également de nombreuses informations recueillies au cours de rencontres avec différentes cultures, concernant les productions agricoles, l'alimentation, les traditions culinaires, mais aussi diverses spiritualités vouées aux cultes de la nature, en Inde et en Extrême-Orient.
(Coll. Biologie, écologie, agronomie, 21.50 euros, 224 p.)
ISBN : 978-2-343-03491-1, ISBN EBOOK : 978-2-336-35416-3

COELACANTHE (LE), UNE ESPÈCE ANIMALE À L'ÉPREUVE DES MÉDIAS
Barrère Florent
Le coelacanthe est l'objet de bien des fantasmes : affaire commerciale dans les îles Comores ; course au «spécimen» naturalisé dans les muséums ; étude anatomique dans le seul but de conforter l'hypothèse du «grand-père de l'Homme»... Devenu à ses dépens vedette médiatique, le coelacanthe s'extraira de ce marasme par un retour à son objet scientifique initial : dans les années quatre-vingt, le coelacanthe est enfin filmé dans son milieu naturel.
(Coll. Champs visuels, 20.00 euros, 192 p.)
ISBN : 978-2-296-99785-1, ISBN EBOOK : 978-2-296-53096-6

RÉSEAUX (LES) DE NEURONES DE LA CONSCIENCE
Approche multidisciplinaire du phénomène
Rollet Guy
Cet ouvrage vise à la compréhension de la conscience. Il apparaît que les neurosciences computationnelles apportent incontestablement des éléments décisifs. Un réseau de neurones original est conçu pour coder une conscience *stricto sensu*, capable de raisonnement et de prise de décision. Celle-ci peut être orientée par les émotions. La capacité d'agir, la composition du Soi et la verbalisation de la pensée peuvent alors être envisagées.
(Coll. Biologie, écologie, agronomie, 25.00 euros, 240 p.)
ISBN : 978-2-336-00597-3, ISBN EBOOK : 978-2-296-51375-4

SCIENCE (LA), SYMPTÔME DE L'OCCIDENT
Le «comment» des impasses de la recherche scientifique occidentale
Thiebert Lawrence
Et si les scientifiques avaient trop compliqué leur processus de démonstration ? Et si la démonstration, peu concluante, s'embourbait simplement parce qu'elle relève en vrai d'un raisonnement paralogique psychiatrique tel que celui que l'on rencontre dans le discours du paranoïaque, discours logique certes mais qui part d'un postulat faux ? Nous sous-entendons ici que cette hypothèse est fort probable.
(Coll. Pensée Africaine, 13.00 euros, 116 p.)
ISBN : 978-2-296-97025-0, ISBN EBOOK : 978-2-296-50278-9

CHERCHEURS, ÉTHIQUES ET SOCIÉTÉS
L'avenir de l'avenir
Patrice Thierry
Peu appréhendée par les décideurs, la biologie conditionnera nos sociétés, les rapports entre les hommes, entre eux et l'environnement. Le monde de la recherche est mal connu, parfois mal aimé ou craint. Il semble donc utile d'instituer un débat pour préciser les objectifs, les moyens, l'information et la vulgarisation, la propriété des résultats et l'appréhension des conséquences de la recherche en biologie.
(Coll. Ethique et pratique médicale, 31.00 euros, 298 p.)
ISBN : 978-2-296-57790-9, ISBN EBOOK : 978-2-296-50418-9

CAMILLE ARAMBOURG. UN PALÉONTOLOGUE, DE L'ALGÉRIE À L'AFRIQUE PROFONDE
Hadjouis Djillali - Préface de Yves Coppens
Depuis les plaines sahéliennes d'Oran à la Vallée de l'Omo en Éthiopie, en passant par les côtes du littoral atlantique, jusqu'au Moyen-Orient, Camille Arambourg aura fait connaître, au cours de ses recherches, non seulement les fossiles de l'Afrique mais également ceux des autres régions du monde. Ce livre retrace le parcours de cet homme qui identifia plus de 230 taxons (familles, genres, espèces) de mammifères et de poissons.
(Coll. Acteurs de la Science, 25.00 euros, 242 p.)
ISBN : 978-2-296-96391-7

SCIENCE (LA), CREUSET DE L'INHUMANITÉ
Décoloniser l'imaginaire occidental
Royer Jean-Marc
En 1610, Galilée promeut un mode de connaissance qui se veut une lecture mathématique de l'Univers. Face à lui, l'Église. Un long combat s'engage alors, lois contre lois. Un siècle et demi plus tard, tandis que naît la fabrique industrielle basée sur le charbon, les philosophes optent pour ces «lumières». Ce savoir qui voulait mettre la subjectivité à distance aura réussi au-delà de toute espérance : c'est l'être humain que la rationalité calculatrice a rendu obsolète.
(Coll. Questions contemporaines, 23.00 euros, 218 p.)
ISBN : 978-2-296-96233-0

COMMENT L'HOMME QUITTA LA TERRE
Marc Jacques
L'auteur déroule ici une chronique des croyances, pensées et idées qui ont inspiré, tout au long des millénaires, philosophes et poètes, rêveurs et empiriques, bricoleurs et ingénieurs tandis qu'avançaient les sciences et les techniques permettant de concrétiser un des plus grands rêves de l'humanité : «voguer» dans l'espace jusque vers les étoiles.
(Coll. Acteurs de la Science, 15.50 euros, 152 p.)
ISBN : 978-2-296-96490-7

POUR UN RENOUVEAU DANS L'ENVIRONNEMENT
De l'antiscience à l'Intelligence Artificielle des systèmes complexes
Bouché Marcel B. - Préface de Richard Moreau
Nos institutions écartent toute évaluation environnementale sérieuse par la promotion d'une démarche antiscientifique. Ce livre décrit au contraire les démarches sérieuses des sciences et techniques et la problématique environnementale. La rigueur, qui fait habituellement défaut à ce secteur d'étude, est indispensable pour permettre l'Intelligence Artificielle appliquée rationnellement à nos évaluations environnementales et à la méthode scientifique dans les systèmes complexes.
(Coll. Biologie, écologie, agronomie, 38.00 euros, 384 p.)
ISBN : 978-2-296-96826-4

UNIVERS (L') FASCINANT DES INSECTES
Nos amis, nos ennemis
Mariau Dominique
Cet ouvrage aborde tous les aspects de la vie des insectes et les rôles essentiels qu'ils jouent dans la vie sur terre. Comment définit-on un insecte ? Depuis quand existent-ils ? Que connaît-on sur leurs organes des sens, leurs migrations, leur rôle, qu'il soit positif ou négatif ?
(Coll. Biologie, écologie, agronomie, 22.00 euros, 182 p.) *ISBN : 978-2-296-96144-9*

SCIENCE (LA) AU SERVICE DU DÉVELOPPEMENT
Amory Christine - Préface de Dominique Kounkou
Ce livre présente une expérience humaine d'un réseau de scientifiques, GIRGEA, qui réunit chercheurs, étudiants, ingénieurs, etc., autour d'un objectif central : développer la recherche en sciences de l'espace en Afrique en installant des instruments, en formant des chercheurs au niveau

international qui pourront constituer des équipes de recherche dans leur pays et assurer ainsi la pérennité du réseau.
(12.50 euros, 108 p.)
ISBN : 978-2-296-56969-0

NATURE, TECHNOSCIENCES ET RATIONALITÉ
Le tryptique du bon sens
Makanga Blanchard
La résolution des problèmes écologiques qui touchent notre planète ne peut être l'exclusivité des technosciences et de l'écologie en tant que discipline scientifique. D'autres disciplines sont capables d'apporter des savoirs aussi sûrs et surtout moins risqués que ceux des sciences expérimentales. La philosophie se propose donc de le faire à travers, notamment, la réflexion éthique basée sur la morale stoïcienne, en faisant de l'environnement un nouvel objet d'étude.
(Coll. Sciences et Société, 23.50 euros, 236 p.)
ISBN : 978-2-296-96960-5

UNDO THE MATH ! How semiotic gaps warp thinking
Idelson Marc
In a study inspired by author's observation of the spiraling out of control use of mathematics by bankers, financiers and economists, the Western world's reliance on arithmetic and geometry is traced back, with support from the works of Medieval historian Alfred Crosby and of Anthropologist of Knowledge Paul Jorion, to its Medieval and Antiquity roots. The author bases on different areas such as philosophy with François Jullien's Chinese thought and Michel Bitbol with his epistemological reflections.
(Coll. Recherches en Gestion, 20.00 euros, 190 p.)
ISBN : 978-2-296-96993-3

L'HARMATTAN ITALIA
Via Degli Artisti 15; 10124 Torino

L'HARMATTAN HONGRIE
Könyvesbolt ; Kossuth L. u. 14-16
1053 Budapest

L'HARMATTAN KINSHASA
185, avenue Nyangwe
Commune de Lingwala
Kinshasa, R.D. Congo
(00243) 998697603 ou (00243) 999229662

L'HARMATTAN CONGO
67, av. E. P. Lumumba
Bât. – Congo Pharmacie (Bib. Nat.)
BP2874 Brazzaville
harmattan.congo@yahoo.fr

L'HARMATTAN GUINÉE
Almamya Rue KA 028, en face
du restaurant Le Cèdre
OKB agency BP 3470 Conakry
(00224) 657 20 85 08 / 664 28 91 96
harmattanguinee@yahoo.fr

L'HARMATTAN MALI
Rue 73, Porte 536, Niamakoro,
Cité Unicef, Bamako
Tél. 00 (223) 20205724 / +(223) 76378082
poudiougopaul@yahoo.fr
pp.harmattan@gmail.com

L'HARMATTAN CAMEROUN
BP 11486
Face à la SNI, immeuble Don Bosco
Yaoundé
(00237) 99 76 61 66
harmattancam@yahoo.fr

L'HARMATTAN CÔTE D'IVOIRE
Résidence Karl / cité des arts
Abidjan-Cocody 03 BP 1588 Abidjan 03
(00225) 05 77 87 31
etien_nda@yahoo.fr

L'HARMATTAN BURKINA
Penou Achille Some
Ouagadougou
(+226) 70 26 88 27

L'HARMATTAN SÉNÉGAL
10 VDN en face Mermoz, après le pont de Fann
BP 45034 Dakar Fann
33 825 98 58 / 33 860 9858
senharmattan@gmail.com / senlibraire@gmail.com
www.harmattansenegal.com

L'HARMATTAN BÉNIN
ISOR-BENIN
01 BP 359 COTONOU-RP
Quartier Gbèdjromèdé,
Rue Agbélenco, Lot 1247 I
Tél : 00 229 21 32 53 79
christian_dablaka123@yahoo.fr

651346 - Avril 2016
Achevé d'imprimer par

1livre.com
du rêve à la réalité !

www.ingramcontent.com/pod-product-compliance
Lightning Source LLC
LaVergne TN
LVHW021221061026
849535LV00008B/2861